オイラーとリーマンの
ゼータ関数

黒川信重 *Kurokawa Nobushige* [著]
シリーズ ゼータの現在

日本評論社

はじめに

　ゼータ関数論は数学の根本理論である．オイラー（1707-1783）とリーマン（1826-1866）は，その創始者と確立者の役割りを果たしている．オイラーは独りでゼータ関数のほとんどの性質を発見したことで有名である．リーマンはオイラーの肩に乗って複素数の関数としてのゼータ関数論を定着させた．現代まで数学全体に多大なる影響を与え続けている「リーマン予想」という謎を提出したことがリーマンの特筆すべき功績である．

　本書ではオイラーの新たなる面も紹介する．それは「絶対ゼータ関数」の研究者としての面であり，これまで見逃されてきてしまっていた．絶対ゼータ関数は21世紀のゼータ関数論の代表的なものであるが，それが250年程前にオイラーのいくつかの論文にて議論されていたのである．このことを本書において紹介できることは，オイラーの絶対ゼータ関数研究の発見者として望外の喜びである．

　読者は，本書によって，オイラーとリーマンへのゼータの旅を楽しまれたい．

2018年1月2日　　黒川信重

目次　　**はじめに**　i

序章　オイラーの前　1

0.1　ピタゴラス学派の数論　1
0.2　素因数分解の一意性の証明　3
0.3　ゼータ関数　8
0.4　L関数　9
0.5　オイラー前のまとめ　12

第1章　オイラーのゼータ関数論　15

1.1　オイラー定数(1734年, 26歳)　15
1.2　特殊値(1735年, 28歳)　17
1.3　オイラー積(1737年, 30歳)　21
1.4　関数等式(1739年, 32歳；1749年, 42歳)　24
1.5　積分表示(1768年, 61歳)　28
1.6　$\zeta(3)$の表示(1772年, 65歳)　29
1.7　素数分布(1775年, 68歳)　34
1.8　オイラーのゼータ関数論のまとめ　36

第2章　絶対ゼータ関数入門　37

2.1　絶対ゼータ関数の歴史　38
2.2　絶対ゼータ関数の構成　39
2.3　代数的トーラス　41
2.4　関数等式　44
2.5　諸例　48
2.6　やさしいオイラー定数　50
2.7　多重ガンマ関数と多重三角関数　53
2.8　一般化　54

第3章 オイラーの絶対ゼータ関数論 57

3.1 オイラーの絶対ゼータ関数論文 57
3.2 基本定理 59
3.3 オイラー定数の絶対ゼータ関数表示 63
3.4 円分絶対ゼータ関数 69
3.5 オイラーの絶対ゼータ関数論の予言 73

第4章 リーマンのゼータ関数論 77

4.1 リーマンの論文 77
4.2 解析接続と関数等式 77
4.3 素数公式 81
4.4 リーマン予想 84
4.5 ゼータ正規化積 87
4.6 素数密度 89
4.7 保型性の変換 90

終章 リーマンの後 105

5.1 多様なゼータ関数の発展 105
5.2 ゼータ関数の統一 106

付録A 絶対ゼータ関数の美しさ 109
付録B オイラーの絶対ゼータ関数計算 113
付録C オイラー定数の高次版 121
付録D オイラー定数の高次版のp類似 129
付録E 素朴な多重三角関数の正規化表示 135

おわりに 141
索引 143

序章

オイラーの前

ゼータ関数の歴史は長い．背景には紀元前500年頃からはじまったピタゴラス学派の数論研究がある．狭い意味でのゼータ関数の研究としても，1350年頃のフランスまでは明確にさかのぼることができる．そこを見ていこう．

0.1　ピタゴラス学派の数論

ピタゴラス学派は紀元前500年頃から数論研究を開始した．その拠点はピタゴラスが開いた「ピタゴラス学校」である．それは，現在のイタリア南岸の都市クロトーネ（昔の名前はクロトン）にあった．ギリシア時代と聞くと，つい現在のギリシアと思い込んでしまうが，当時は南イタリアをも含む地域が「大ギリシア（マグナ・グラキエア）」と呼ばれていたのである．したがって，ギリシア数学の重要な成果は風光明媚なイタリア南岸から得られ始めたと知っておくことが大切である．

ピタゴラス学派は『万物は数』の思想のもと研究を進めた．そのため，宇宙のすべてのものごとは数によって解明されると期待していたのである．とりわけ，基本となった理論は数論であり，その中でも素数の話は根本である．

ピタゴラス学派の素数論を伝えてくれている本としては，紀元前300年頃にユークリッドがアレクサンドリア大図書館に収集されていた70万巻の書物を用いてまとめた『原論』があり，世界中の言語に翻訳されて広まった．これは，現代に2500年も昔の理論を伝えている．

『原論』第9巻・命題20は「素数は無限個存在する」を主張し証明を与えている．原文を要約して見ておこう．

● **命題**　限りない数の素数が存在する．

2 序章 オイラーの前

●**証明** A, B, C を異なる任意の素数として，それ以外の素数 D が存在することを示そう．$A \cdot B \cdot C + 1$ を見よ．これを割り切る素数が存在する．その一つ D を取る．すると，D は A, B, C とは異なる．なぜなら，D は $A \cdot B \cdot C + 1$ を割り切るが，A, B, C は $A \cdot B \cdot C + 1$ を割り切らないから． [証明終]

証明の都合上，ユークリッドは，素数が 3 個あるところからはじめているが，何個からはじめても同様である．何個か素数があったら，それらを全部掛けて 1 を足したものを作り，それを割り切る 1 ではない一番小さい自然数を取り出せば，それは素数であり（素数でなかったとしたら，もっと小さい自然数で割り切れてしまう），しかも，それはそれまでの素数ではない新しい素数となっている，という巧妙な作り方である．ここで，割り切る素数なら何でも良いのであるが，考えを確定させるために，最小素因子に限定しておいた．この簡単そうに見える構成は，ピタゴラス学派の誰か（ピタゴラス自身かも知れない）が思いついた――おそらく，エーゲ海を望むクロトンの長い砂浜を歩いていて――と考えられる．この構成法を知らなかったとして自分でやってみれば，その誰かとは偉大な数学者であったことがわかる．

たとえば，素数 2 からはじめてみると，

$$2 - 3 - 7 - 43 - 13 - \cdots$$

と素数がどんどん現れてくる．実際，2 の次を求めるには，1 を足して 3 が出る．これを割り切る 1 でない最小の数は 3 である．こうして，2 の次に 3 が作れた．2, 3 ができると，全部掛けて 6，1 を足して 7 が出る．よって，3 個の素数 2, 3, 7 が出た．次には，全部掛けると 42 で 1 を足すと 43 となり，43 は素数なので，4 個の素数 2, 3, 7, 43 が得られた．その次は，全部掛けると 1806，1 を足すと 1807．これを割り切る 1 でない最小の自然数は

$$1807 = 13 \times 139$$

より，13 とわかる．このようにして，5 個の素数 2, 3, 7, 43, 13 が得られた．これを続ければ，素数が 1 個ずつ増えていき，結局，素数が無限個出てくることがわかる．このような素数列は「ピタゴラス素数列」と呼ぶべきであろうが，通常は「ユークリッド素数列」と呼ばれている．ちなみに，素数列

$$2, \ 3, \ 7, \ 43, \ 13, \ 53, \ 5, \ \cdots$$

にはすべての素数が現れると予想されているが未解決の難問である.

0.2 素因数分解の一意性の証明

現在の教育課程では，素因数分解およびその一意性は小・中・高といつの間にか実例

$$4 = 2 \cdot 2,$$
$$6 = 2 \cdot 3,$$
$$8 = 2 \cdot 2 \cdot 2,$$
$$9 = 3 \cdot 3,$$
$$10 = 2 \cdot 5,$$
$$12 = 2 \cdot 2 \cdot 3,$$
$$14 = 2 \cdot 7,$$
$$15 = 3 \cdot 5,$$
$$\cdots$$

から導入され，証明が与えられることはないままである.

実際，素因数分解を行うのは，どんどん積に関して分解して行けばよいのでやさしいのであるが，一意性の証明は難しい．きちんと証明が与えられるのは，大学の『代数学』（とくに，「環」の周辺）で扱われたときであり，「一意分解整域」（UFD = Unique Factorization Domain）のところである.

そこでは，素数概念の見直しも必要となる．素数は自分自身が割り切られるかどうかで定義される．つまり，分解するかどうかである．ところが，素因数分解の一意性を示す際には，他の数を割り切るかどうかが問題になる．つまり，分解させるかどうかということである．このように，まったく逆の性質が必要になるのである.

それでは，素数の定義から復習して行こう．素数は

$$2, \ 3, \ 5, \ 7, \ 11, \ 13, \ 17, \ 19, \ 23, \ 29, \ 31, \ \cdots$$

のように，1以外の自然数（正の整数）のうちで，1より大きな2つの自然数の積に分解できないものを指す．つまり

4   序章　オイラーの前

定義1

1以外の自然数 P が素数とは「$P = A \cdot B$ とすると A または B は P」をみたすときにいう.

ただし，A, B 等は——以下でも——自然数を意味する.

素因数分解が可能であることは簡単に証明できる.

●**定理1**　自然数は素数の積に分解できる. つまり，素因数分解ができる. ただし，1は0個の素数の積とみなす.

●**証明**　1でない自然数 N をとる. N が素数ならば，そのままで良い. N が素数でないときは，それを割り切る1と N 以外の自然数 A, B によって
$$N = A \cdot B$$
と分解する. 以上のことを A, B に対して繰り返す. この繰り返し（たかだか N 回）によって素因数分解に達する.　　　　　　　　　　　　［証明終］

素因数分解の一意性の証明は難しい. それを味わうには2500年前のクロトンの市民になったと想像して証明を考えてみてほしい.

現在のところ，素因数分解の一意性の証明には3つの代表的方法がある：

（1）　互除法（ピタゴラス学派），

（2）　イデアル論（ガウス1800年頃），

（3）　背理法による直接的証明（ツェルメロ1900年頃）.

論理的背景を明確にするために，「素数」の代わりの概念「強素数」を定義する. これが，素因数分解の一意性証明の鍵となる.

定義2

自然数 P が1でないとする. P が強素数とは

「P が $A \cdot B$ を割り切るとすると，P は A または B を割り切る」

をみたすときにいう.

次のことはすぐにわかる.

●定理 2　強素数は素数である.

●証明　P を強素数とする. いま
$$P = A \cdot B$$
になっていたとする. このとき, P は $A \cdot B$ を割り切っているので, P が強素数であることから, P は A または B を割り切る. P が A を割り切っていれば
$$A = P \cdot A_1$$
と書けて,
$$A_1 \cdot B = 1$$
より
$$A_1 = B = 1.$$
よって, $A = P$, $B = 1$. また, P が B を割り切っていれば, 同様にして $A = 1$, $B = P$. いずれにしても, A または B は P となる. したがって, P は素数である.
［証明終］

●定理 3　自然数が強素数の積に分解できていると, その形の分解は一意的である.

●証明　自然数 N が強素数の積に
$$N = A \cdot B \cdot \cdots \cdot C = D \cdot E \cdot \cdots \cdot F$$
と分解できたとする. このとき, A は N を割り切るので, $D \cdot E \cdot \cdots \cdot F$ を割り切る. A は強素数だったから $D, E, \cdots, F$ のいずれかを割り切る. ただし, 強素数の定義は「P が $A \cdot B \cdot \cdots \cdot C$ を割り切るとすれば P は $A, B, \cdots, C$ のいずれかを割り切る」としても同じことであることに注意されたい.

　そこで, A が D を割り切るとしても一般性を失わない. ここで, 定理 2 から A と D は素数だから $A = D$ となる. よって, N を $A = D$ で割って

6　序章　オイラーの前

$$B \cdot \cdots \cdot C = E \cdot \cdots \cdot F$$

が成立する.

　したがって, 同じことを繰り返すと

$$A = D, \quad B = E, \ \cdots, \ C = F$$

を得る. つまり, 一意性が成立する.　　　　　　　　　　　　　　　[証明終]

　さて, 素因数分解の一意性証明の要点とは, 次の定理である.

●**定理4**　素数と強素数とは同値である.

　これを, 定理1〜定理3と合わせれば, 求める定理が得られる. 定理4の証明をあとにまわして, それを証明しておこう.

●**定理5**　素因数分解は一意的である.

●**証明**　素因分解は定理1から可能である. 一意性を示そう. いま,

$$N = A \cdot B \cdot \cdots \cdot C = D \cdot E \cdot \cdots \cdot F$$

の2通りに素数の積に分解できたとする. 定理4より, これは強素数への分解になっている. したがって, 定理3から一意性

$$A = D, \quad B = E, \ \cdots, \ C = F$$

が成立する.　　　　　　　　　　　　　　　　　　　　　　　　　[証明終]

　このようにして, 定理4の証明が残ったわけである. 定理4のうち「強素数は素数である」の部分は定理2で済んでいるので,「素数は強素数である」を示すのが肝要である. これは簡単ではなく『代数学』の教科書で扱われる. ただし, 通常は「素数」は「既約元」と呼ばれ,「強素数」は「素元」と呼ばれている. また, そんなことはないとは思うが, 教科書によって「既約元」と「素元」の区別があいまいなものが万一あったら, 捨てるのが良い.

　いずれにしても, 素数（既約元）が強素数（素元）であることを互除法あるいはイデアル論によって示すのである. これは, 整数環 $\mathbb{Z}$ の場合の話である. 一

般の環では既約元と素元とは同値ではないので注意されたい.

イデアル論による方法が現代の主流なので, イデアル論による要点を記しておこう. ただし, 出てくる用語「体」「整域」「極大イデアル」「素イデアル」などは『代数学』の「環」のところを見てほしい. 次の順に証明する:

（1） P が素数とは $P\mathbb{Z}$ が極大イデアルであることと同値である.

（2） P が強素数とは $P\mathbb{Z}$ が素イデアルであることと同値である.

（3） 極大イデアルは素イデアルである.

（4） したがって, 素数は強素数である.

あるいは, 次のようにしても良い:

（1*） P が素数とは $\mathbb{Z}/P\mathbb{Z}$ が体であることと同値である.

（2*） P が強素数とは $\mathbb{Z}/P\mathbb{Z}$ が整域であることと同値である.

（3*） 体は整域である.

（4*） したがって, 素数は強素数である.

いずれにしても, イデアルあるいは剰余環によって見通しの良い言い換えができて, 結論が従うことになる.

第三の方法（ツェルメロ）は, あまり扱われることがないのであるが, 論理構造が明白で短いので完全証明を付けておこう. この方法では, 素因数分解の一意性が成り立たない最小の自然数（最小反例）の存在を仮定して矛盾を導くというやり方をする. また, この方法によると, 一意性から素数と強素数の同値性が導かれる, ということになる.

●ツェルメロによる一意性の証明

言いたいことは, 反例がないことであるので, 反例があったとして矛盾を導けば良い. いま, ある自然数 N が素因分解の一意性に対する反例だとする. つまり

$$N = A \cdot B \cdot \cdots \cdot C,$$
$$N = D \cdot E \cdot \cdots \cdot F$$

という風に相異なる2通りの素因数分解を持っていたとする. ここで, $A, B, \cdots, C$ も $D, E, \cdots, F$ も小さい方から並べておくことにする. また, 相異なる素

8   序章　オイラーの前

因数分解であるとは，どれかが違う（素因数），という意味である．さらに，N
は，そのような N のうちの最小のもの（最小反例）を取ってくるものとする．
このとき $\{A, B, \cdots, C\}$ と $\{D, E, \cdots, F\}$ とには同じものはない．というのは，
同じものがあれば，それで N を割ったものを考えれば，N より小さい反例がで
きるからである．

　いま，場合を分けて考える．

　ア）　A が D より大のとき

　このときは

（＊） $M = (A - D) \cdot B \cdot \cdots \cdot C$

とおく．すると，$A - D$ は A より小なので，M は N より小．また，

$$M = N - D \cdot B \cdot \cdots \cdot C$$

より

（＊＊） $M = D \cdot (E \cdot \cdots \cdot F - B \cdot \cdots \cdot C)$

である．そこで，（＊）の第1項をさらに素因数分解して得られる M の素因数
分解表示 $P(1)$ と，（＊＊）の第2項をさらに素因数分解表示して得られる M の
素因数分解表示 $P(2)$ を比べる．すると，$P(2)$ には素数 D が現れているが，$P(1)$
には D は絶対に現れない（現れるとすると，$A - D$ が D で割り切れるときのみ
で，すると，A は D で割り切れ，A と D は一致するということになる）．よっ
て，M は N より小の反例であり，N が最小反例であることに矛盾する．

　イ）　D が A より大のとき

$$M = (D - A) \cdot E \cdot \cdots \cdot F$$

とおく．あとは，ア）の場合と全く同様である．　　　　［ツェルメロの証明終］

0.3　ゼータ関数

　現代数学において最も重要な関数であるゼータ関数の基本は

$$\zeta(s) = \sum_{n=1}^{\infty} n^{-s}$$

$$= 1 + 2^{-s} + 3^{-s} + 4^{-s} + 5^{-s} + \cdots$$

である．これが，数学史上で最初に現れた形は

$$\zeta(1) = 1 + \frac{1}{2} + \frac{1}{3} + \frac{1}{4} + \frac{1}{5} + \cdots$$

であって，オレームの研究（1350年頃，フランス）においてであった．そのとき，オレームは

$$\zeta(1) = \infty$$

を証明したのである．その証明方法は

$$\zeta(1) = 1 + \frac{1}{2} + \left(\frac{1}{3} + \frac{1}{4}\right) + \left(\frac{1}{5} + \frac{1}{6} + \frac{1}{7} + \frac{1}{8}\right) +$$
$$\left(\frac{1}{9} + \frac{1}{10} + \frac{1}{11} + \frac{1}{12} + \frac{1}{13} + \frac{1}{14} + \frac{1}{15} + \frac{1}{16}\right) + \cdots$$
$$> 1 + \frac{1}{2} + \left(\frac{1}{4} + \frac{1}{4}\right) + \left(\frac{1}{8} + \frac{1}{8} + \frac{1}{8} + \frac{1}{8}\right) +$$
$$\left(\frac{1}{16} + \frac{1}{16} + \frac{1}{16} + \frac{1}{16} + \frac{1}{16} + \frac{1}{16} + \frac{1}{16} + \frac{1}{16}\right) + \cdots$$
$$= 1 + \boxed{\frac{1}{2}} + \boxed{\frac{1}{2}} + \boxed{\frac{1}{2}} + \boxed{\frac{1}{2}} + \cdots$$
$$= \infty$$

という明快なものであった．

0.4　L 関数

ゼータ関数の仲間に L 関数がある．それを最初に研究したのはマーダヴァ（1400年頃，南インド）である．そのとき，マーダヴァは

$$L(1) = \frac{\pi}{4}$$

を示したのである．ここで，

$$L(s) = \sum_{n:奇数} \frac{(-1)^{\frac{n-1}{2}}}{n^s}$$
$$= 1 - 3^{-s} + 5^{-s} - 7^{-s} + 9^{-s} - 11^{-s} + \cdots$$

である．マーダヴァの方法は三角関数を用いるものであり，逆正接関数

$$\arctan(x) = \sum_{n=0}^{\infty} \frac{(-1)^n}{2n+1} x^{2n+1}$$

において $x = 1$ とおくものである：

10 序章 オイラーの前

$$\arctan (1) = \sum_{n=0}^{\infty} \frac{(-1)^n}{2n+1}.$$

ここで，左辺を θ $\left(0 < \theta < \dfrac{\pi}{2}\right)$ とおくと

$$\theta = \arctan (1)$$

とは

$$\tan \theta = 1$$

のことであり

$$\theta = \frac{\pi}{4}$$

とわかる．よって，マーダヴァの結果

$$\sum_{n=0}^{\infty} \frac{(-1)^n}{2n+1} = \frac{\pi}{4},$$

つまり

$$\sum_{n:奇数} \frac{(-1)^{\frac{n-1}{2}}}{n} = \frac{\pi}{4}$$

が得られる．

この方法を現代の高校数学的に書き直すと，次の通りである．$N \geqq 1$ に対して

$$\begin{aligned}
\int_0^1 \left(\sum_{n=0}^{N-1} (-1)^n x^{2n}\right) dx &= \sum_{n=0}^{N-1} (-1)^n \int_0^1 x^{2n} dx \\
&= \sum_{n=0}^{N-1} (-1)^n \left[\frac{x^{2n+1}}{2n+1}\right]_0^1 \\
&= \sum_{n=0}^{N-1} \frac{(-1)^n}{2n+1}
\end{aligned}$$

となるのであるが，一方では

$$\begin{aligned}
\int_0^1 \left(\sum_{n=0}^{N-1} (-1)^n x^{2n}\right) dx &= \int_0^1 \frac{1-(-x^2)^N}{1-(-x^2)} dx \\
&= \int_0^1 \frac{1+(-1)^{N-1}x^{2N}}{1+x^2} dx \\
&= \int_0^1 \frac{dx}{1+x^2} + (-1)^{N-1} \int_0^1 \frac{x^{2N}}{1+x^2} dx
\end{aligned}$$

であるので

$$\sum_{n=0}^{N-1} \frac{(-1)^n}{2n+1} - \int_0^1 \frac{dx}{1+x^2} = (-1)^{N-1} \int_0^1 \frac{x^{2N}}{1+x^2} dx$$

を得る．したがって，

$$\left| \sum_{n=0}^{N-1} \frac{(-1)^n}{2n+1} - \int_0^1 \frac{dx}{1+x^2} \right| = \int_0^1 \frac{x^{2N}}{1+x^2} dx$$

$$< \int_0^1 x^{2N} dx$$

$$= \frac{1}{2N+1}.$$

よって，$N \to \infty$ として

$$\sum_{n=0}^{\infty} \frac{(-1)^n}{2n+1} = \int_0^1 \frac{dx}{1+x^2}$$

となる．ここで，

$$\int_0^1 \frac{dx}{1+x^2} \overset{x=\tan\theta}{=} \int_0^{\frac{\pi}{4}} d\theta$$

$$= \frac{\pi}{4}$$

であるので，マーダヴァの結論

$$\sum_{n=0}^{\infty} \frac{(-1)^n}{2n+1} = \frac{\pi}{4}$$

に至る．

　なお，マーダヴァの原型に近くするには，$0 < \alpha \leqq 1$に対して

$$\int_0^\alpha \left(\sum_{n=0}^{N-1} (-1)^n x^{2n} \right) dx = \sum_{n=0}^{N-1} \frac{(-1)^n \alpha^{2n+1}}{2n+1}$$

および

$$\int_0^\alpha \left(\sum_{n=0}^{N-1} (-1)^n x^{2n} \right) dx = \int_0^\alpha \frac{1+(-1)^{N-1} x^{2N}}{1+x^2} dx$$

$$= \int_0^\alpha \frac{dx}{1+x^2} + (-1)^{N-1} \int_0^\alpha \frac{x^{2N}}{1+x^2} dx$$

より

$$\sum_{n=0}^{N-1} \frac{(-1)^n \alpha^{2n+1}}{2n+1} - \int_0^\alpha \frac{dx}{1+x^2} = (-1)^{N-1} \int_0^\alpha \frac{x^{2N}}{1+x^2} dx$$

12   序章　オイラーの前

を得るので

$$\left| \sum_{n=0}^{N-1} \frac{(-1)^n \alpha^{2n+1}}{2n+1} - \int_0^\alpha \frac{dx}{1+x^2} \right| = \int_0^\alpha \frac{x^{2N}}{1+x^2} dx$$

$$< \int_0^\alpha x^{2N} dx$$

$$= \frac{\alpha^{2N+1}}{2N+1}$$

となって，$N \to \infty$ とすることにより

$$\sum_{n=0}^{\infty} \frac{(-1)^n \alpha^{2n+1}}{2n+1} = \int_0^\alpha \frac{dx}{1+x^2}$$

となる．ここで，$x = \tan\theta$ とおきかえると

$$\int_0^\alpha \frac{dx}{1+x^2} = \int_0^{\arctan(\alpha)} d\theta$$

$$= \arctan(\alpha)$$

となるので，

$$\sum_{n=0}^{\infty} \frac{(-1)^n \alpha^{2n+1}}{2n+1} = \arctan(\alpha)$$

となる．もちろん，$\alpha = 1$ とすれば

$$\sum_{n=0}^{\infty} \frac{(-1)^n}{2n+1} = \frac{\pi}{4}$$

を再び得る．

0.5　オイラー前のまとめ

ゼータ関数

$$\zeta(s) = \sum_{n=1}^{\infty} n^{-s}$$

およびゼータ関数の仲間の L 関数

$$L(s) = \sum_{n:奇数} (-1)^{\frac{n-1}{2}} n^{-s}$$

$$= \sum_{n=0}^{\infty} \frac{(-1)^n}{(2n+1)^s}$$

が出てきたのであるが，もう一つゼータ関数の仲間である

$$P(s) = \sum_{p:素数} \frac{1}{p^s}$$

を導入して，オイラー前をまとめておくと，次の 3 つになる：

(A)　$P(0) = \infty$（ピタゴラス学派，紀元前 500 年頃），

(B)　$\zeta(1) = \infty$（オレーム，1350 年頃），

(C)　$L(1) = \dfrac{\pi}{4}$（マーダヴァ，1400 年頃）．

　この 3 つの結果がオイラー前に得られていたゼータ関数論と言える．次の第 1 章では，オイラーが（A）（B）（C）をどのように深化したかを見る．

第1章

オイラーのゼータ関数論

オイラー（1707年4月15日-1783年9月18日）はゼータ関数の基本性質を20代から60代までどんどん発見して行った．本章では，オイラーの原論文に従って年代順に見ていく．

オイラーの論文を読むには2つの方法があることに注意しておこう：

（1）『オイラー全集』を読む．数学論文は第Iシリーズ全29巻（第16巻が2冊なので全30冊）に入っている．

（2）『オイラー・アーカイブ』を読む．これは，ウェブの "eulerarchive. maa. org" にて無料で雑誌掲載版の原論文を見ることができる．

なお，オイラーの論文を「全集I-14, 87-100」のように引用するときは，（1）の全集第Iシリーズ第14巻の87ページ〜100ページという意味であり，（2）を利用するにはオイラー論文の通し番号（上記の論文の場合はE43）を用いると調べやすい．

1.1 オイラー定数 (1734年, 26歳)

オイラーのゼータ関数論についての最初の論文は

"De progressionibus harmonicis observationes" ［調和数列］Commentarii Acad. Scient. Petropolitanae **7** (1740) 150-161（E43, 1734年3月11日付，26歳，全集I-14, 87-100）

である．オイラーは

$$\gamma = \lim_{n \to \infty} \left(1 + \frac{1}{2} + \cdots + \frac{1}{n} - \log n \right)$$

が収束して，0.577…となることを示した．ここで，log は自然対数（底は e），γ

16   第1章　オイラーのゼータ関数論

はオイラー定数と呼ばれることになる.

　オイラーは表示

$$\gamma = \sum_{n=2}^{\infty} \frac{(-1)^n}{n} \zeta(n)$$

が成り立つことを証明している. ただし序章 0.5 節の通り

$$\zeta(s) = \sum_{n=1}^{\infty} n^{-s}$$

はゼータ関数である. オイラーの証明は次の通りである:

●**証明**　$m = 1, 2, \cdots, M$ に対して

$$\log \frac{m+1}{m} = \sum_{n=1}^{\infty} \frac{(-1)^{n-1}}{n} \cdot \frac{1}{m^n}$$

を足し上げると

$$\log(M+1) = \sum_{n=1}^{\infty} \frac{(-1)^{n-1}}{n} \left(\sum_{m=1}^{M} \frac{1}{m^n} \right)$$

$$= 1 + \cdots + \frac{1}{M} + \sum_{n=2}^{\infty} \frac{(-1)^{n-1}}{n} \left(\sum_{m=1}^{M} \frac{1}{m^n} \right)$$

となることから

$$1 + \cdots + \frac{1}{M} - \log M = \sum_{n=2}^{\infty} \frac{(-1)^n}{n} \left(\sum_{m=1}^{M} \frac{1}{m^n} \right) + \log\left(1 + \frac{1}{M} \right)$$

を得る. よって, $M \to \infty$ とすると

$$\gamma = \sum_{n=2}^{\infty} \frac{(-1)^n}{n} \zeta(n)$$

である.　　　　　　　　　　　　　　　　　　　　　　　　　　　　　[証明終]

　オイラー定数は

$$\gamma = \lim_{\substack{s \to 1 \\ (s>1)}} \left(\zeta(s) - \frac{1}{s-1} \right)$$

とも書くことができることが次のようにわかる: $[x]$ で x の整数部分を示すと, $s > 1$ に対し

$$\int_1^{M+1} \left(\frac{1}{[x]^s} - \frac{1}{x^s} \right) dx$$

$$= \sum_{m=1}^{M} \frac{1}{m^s} - \left[\frac{x^{1-s}}{1-s}\right]_1^{M+1}$$

$$= \sum_{m=1}^{M} \frac{1}{m^s} - \frac{1-(M+1)^{1-s}}{s-1}$$

となるので, $M \to \infty$ として

$$\int_1^\infty \left(\frac{1}{[x]^s} - \frac{1}{x^s}\right) dx = \zeta(s) - \frac{1}{s-1}$$

を得る. したがって

$$\lim_{\substack{s \to 1 \\ (s>1)}} \left(\zeta(s) - \frac{1}{s-1}\right) = \int_1^\infty \left(\frac{1}{[x]} - \frac{1}{x}\right) dx$$

$$= \lim_{M \to \infty} \int_1^{M+1} \left(\frac{1}{[x]} - \frac{1}{x}\right) dx$$

$$= \lim_{M \to \infty} \left(1 + \cdots + \frac{1}{M} - \log(M+1)\right)$$

$$= \gamma$$

となる. ただし,

$$\lim_{M \to \infty} (\log(M+1) - \log M) = 0$$

を用いている.

ちなみに, この公式

$$\lim_{s \to 1} \left(\zeta(s) - \frac{1}{s-1}\right) = \gamma$$

は, より一般のゼータ関数に対しても考えることができ, 重要な研究課題『ゼータ関数の極限公式 (limit formula)』となって, 現在に至っている. たとえば, 「クロネッカーの極限公式およびその一般化」は, その代表的な成果である.

1.2 特殊値 (1735 年, 28 歳)

オイラーの出世作は

"De summis serierum reciprocarum" [逆数和] Commentarii Acad. Scientiarum Petropolitanae **7** (1734/35), 123-134 (E41, 1735 年 12 月 5 日付, 28 歳, 全集 I -14, 73-86)

18   第1章 オイラーのゼータ関数論

である．この中でオイラーは

$$\zeta(2) = \frac{\pi^2}{6}$$

を示したのである．ただし，

$$\pi = 3.14\cdots$$

は円周率である．つまり，

$$1 + \frac{1}{4} + \frac{1}{9} + \frac{1}{16} + \frac{1}{25} + \frac{1}{36} + \frac{1}{49} + \frac{1}{64} + \frac{1}{81} + \frac{1}{100} + \cdots = \frac{\pi^2}{6}$$

である．

　この，$\zeta(2)$を求めるという問題は「バーゼル問題」として有名であった．ここに，バーゼルとはスイスの都市名であり，その地で活躍していたベルヌイ一族の数学者たちが問題提起したことにちなんで名付けられた；オイラーもバーゼル近郊に生れ，ベルヌイ一族の教えを受けた．

　オイラーの方法は，三角関数 $\sin x$ の無限積分解

$$\sin x = x \prod_{n=1}^{\infty} \left(1 - \frac{x^2}{n^2 \pi^2}\right)$$

$$= x - \left(\sum_{n=1}^{\infty} \frac{1}{n^2 \pi^2}\right) x^3 + \cdots$$

$$= x - \frac{\zeta(2)}{\pi^2} x^3 + \cdots$$

とべき級数展開（17世紀のライプニッツ）

$$\sin x = \sum_{n=0}^{\infty} \frac{(-1)^n}{(2n+1)!} x^{2n+1}$$

$$= x - \frac{1}{6} x^3 + \cdots$$

との比較（x^3 の項の係数を見る）をして

$$\frac{\zeta(2)}{\pi^2} = \frac{1}{6}$$

つまり

$$\zeta(2) = \frac{\pi^2}{6}$$

を得たのである．とくに，$\sin x$ の無限積分解は $\sin x$ の零点

$$x = 0, \pm\pi, \pm 2\pi, \pm 3\pi, \cdots$$

から大胆に因数分解を予測したものであり，オイラー 28 歳の面目躍如である．$\zeta(2)$ の計算に三角関数を用いるとは，オイラー以外の数学者には想定外のことであった．

オイラーの論文は数学研究のとても良い指針を与えている．数学の画期的な新領域を展開するには予想外の手段を開発する革命が必要となるのである．

さて，この方法を進めて，オイラーは

$$\zeta(4) = \frac{\pi^4}{90}, \qquad \zeta(6) = \frac{\pi^6}{945}, \qquad \zeta(8) = \frac{\pi^8}{9450}, \qquad \cdots$$

も出している．より詳しくは，$n = 1, 2, 3, \cdots$ に対して

$$\zeta(2n) = (-1)^{n-1} \frac{B_{2n}(2\pi)^{2n}}{2(2n)!}$$

という見事な公式である．ここで，B_k は

$$\frac{x}{e^x - 1} = \sum_{k=0}^{\infty} \frac{B_k}{k!} x^k$$

という展開（$|x| < 2\pi$ で有効）で定まるベルヌイ数と呼ばれる有理数である：

$$B_0 = 1, \qquad B_1 = -\frac{1}{2}, \qquad B_2 = \frac{1}{6}, \qquad B_3 = 0, \qquad B_4 = -\frac{1}{30}, \qquad B_5 = 0,$$

$$B_6 = \frac{1}{42}, \qquad B_7 = 0, \qquad B_8 = -\frac{1}{30}, \qquad B_9 = 0, \qquad B_{10} = \frac{5}{66}, \qquad \cdots.$$

この一般の $\zeta(2n)$ を求めるには

$$\sin(\pi x) = \pi x \prod_{m=1}^{\infty} \left(1 - \frac{x^2}{m^2}\right)$$

を対数微分した

$$\pi \cot(\pi x) = \frac{1}{x} - \sum_{m=1}^{\infty} \frac{2x}{m^2 - x^2}$$

を $|x| < 1$ において変形して行くのが簡明であり（それもオイラーが後年指摘している），

$$\pi \cot(\pi x) = \frac{1}{x} - \frac{2}{x} \sum_{m=1}^{\infty} \frac{x^2}{m^2 - x^2}$$

$$= \frac{1}{x} - \frac{2}{x} \sum_{m=1}^{\infty} \frac{\dfrac{x^2}{m^2}}{1 - \dfrac{x^2}{m^2}}$$

$$= \frac{1}{x} - \frac{2}{x} \sum_{m=1}^{\infty} \sum_{n=1}^{\infty} \left(\frac{x^2}{m^2} \right)^n$$

$$= \frac{1}{x} - \frac{2}{x} \sum_{n=1}^{\infty} \zeta(2n) x^{2n}$$

より

$$\sum_{n=1}^{\infty} \zeta(2n) x^{2n} = -\frac{x}{2} \left(\pi \cot(\pi x) - \frac{1}{x} \right)$$

$$= -\frac{\pi x}{2} \cot(\pi x) + \frac{1}{2}$$

$$= -\frac{\pi x}{2} \cdot \frac{\cos(\pi x)}{\sin(\pi x)} + \frac{1}{2}$$

$$= -\frac{\pi i x}{2} \cdot \frac{e^{\pi i x} + e^{-\pi i x}}{e^{\pi i x} - e^{-\pi i x}} + \frac{1}{2}$$

$$= -\frac{\pi i x}{2} \left(1 + \frac{2 e^{-\pi i x}}{e^{\pi i x} - e^{-\pi i x}} \right) + \frac{1}{2}$$

$$= -\frac{1}{2} \cdot \frac{2 \pi i x}{e^{2 \pi i x} - 1} - \frac{\pi i x}{2} + \frac{1}{2}$$

$$= -\frac{1}{2} \sum_{k=0}^{\infty} \frac{B_k}{k!} (2 \pi i x)^k - \frac{\pi i x}{2} + \frac{1}{2}$$

$$= -\frac{1}{2} \sum_{k=0}^{\infty} \frac{B_k (2 \pi i)^k}{k!} x^k - \frac{\pi i x}{2} + \frac{1}{2}$$

$$= -\frac{1}{2} \sum_{k=2}^{\infty} \frac{B_k (2 \pi i)^k}{k!} x^k$$

となって，x^{2n} の係数を見ることによって

$$\zeta(2n) = -\frac{B_{2n} (2 \pi i)^{2n}}{2(2n)!}$$

$$= (-1)^{n-1} \frac{B_{2n} (2 \pi)^{2n}}{2(2n)!}$$

と求まるのである．

ここで一言注意しておこう．上記の変形を漠然と見ていると「たどれない」ということを言う人がときどきいるのであるが，すべてはそこに書いてあるのであって，考えながら何度も筆写すれば誰でも追えるものである．とくに，上のようなオイラー由来の数式変形は何度も何度も書き写して手で覚え美しさにひたり——それは写経と同じく「写オイラー」と言うべきである——理解に至るのである．

1.3 オイラー積（1737年，30歳）

オイラーがオイラー積を発見したのは論文

"Variae observationes circa series infinitas"［無限級数に関するさまざまな観察］Commentarii Acad. Scient. Petropolitanae **9**（1737）160-188（E72, 1737年4月25日付，全集 I -14，216-244）

においてである．その定理8は

$$\prod_{p: \text{素数}} (1-p^{-s})^{-1} = \sum_{n=1}^{\infty} n^{-s}$$

を言っている（$s > 1$；定理7は $s = 1$の場合を扱っている）．つまり

$$\zeta(s) = \prod_{p: \text{素数}} (1-p^{-s})^{-1}$$

であり，これがオイラー積表示である．

この，オイラー積の発見は，ゼータ関数論の未来を決定づけた．すなわち，ゼータ関数やその類似物は自然数に関する和という思い込みがあったのであるが，本当は素数に関する積なのである，という認識が1737年に30歳のオイラーによって与えられたのである．それから現在まで，ガロア表現のゼータ関数から保型表現のゼータ関数までオイラー積によって構成されている．しかも，一般には自然な形では自然数に関する和とはならないのである．その典型的な場合はハッセ・ゼータ関数やセルバーグ・ゼータ関数である．

オイラーの等式

$$\zeta(s) = \prod_{p: \text{素数}} (1-p^{-s})^{-1}$$

22 第1章 オイラーのゼータ関数論

を見るには，素数に関する積を展開すれば良い．もちろん，これは後追いの確認
であって，オイラーの等式を発見するにはオイラーを必要とするのである．展開
してみれば

$$\prod_{p:\text{素数}} (1-p^{-s})^{-1} = \prod_{p:\text{素数}} (1+p^{-s}+p^{-2s}+p^{-3s}+\cdots)$$

$$= \sum_{n=1}^{\infty} n^{-s}$$

となる．ここで，各自然数 $n = 1, 2, 3, \cdots$ は

$$n = \prod_{p:\text{素数}} p^{\mathrm{ord}_p(n)} \qquad (\mathrm{ord}_p(n) \geqq 0)$$

の形に一通りに表示されるという「素因数分解の一意性」（もともとはピタゴラ
ス学派由来；証明を含めて詳しくは 0.2 節参照）が使われている．

このオイラー積と 1.2 節の結果を合わせると

$$\prod_{p:\text{素数}} \frac{p^2}{p^2-1} = \zeta(2) = \frac{\pi^2}{6} \qquad [\text{オイラーの論文E72, 定理8の系1}]$$

$$\prod_{p:\text{素数}} \frac{p^4}{p^4-1} = \zeta(4) = \frac{\pi^4}{90} \qquad [\text{オイラーの論文E72, 定理8の系2}]$$

や

$$\prod_{p:\text{素数}} \frac{p^2+1}{p^2-1} = \frac{5}{2} \qquad [\text{定理9の証明中}]$$

などが得られている．第三の等式は第一，第二の等式を用いればわかる：

$$\prod_{p:\text{素数}} \frac{p^2+1}{p^2-1} = \prod_{p:\text{素数}} \frac{(p^2+1)(p^2-1)}{(p^2-1)(p^2-1)}$$

$$= \prod_{p:\text{素数}} \frac{p^4-1}{(p^2-1)^2}$$

$$= \prod_{p:\text{素数}} \left(\frac{p^2}{p^2-1}\right)^2 \frac{p^4-1}{p^4}$$

$$= \left(\prod_{p:\text{素数}} \frac{p^2}{p^2-1}\right)^2 \times \prod_{p:\text{素数}} \frac{p^4-1}{p^4}$$

$$= \zeta(2)^2 \times \zeta(4)^{-1}$$

$$= \left(\frac{\pi^2}{6}\right)^2 \times \left(\frac{\pi^4}{90}\right)^{-1}$$

$$= \frac{90}{36}$$

$$= \frac{5}{2}.$$

オイラーの論文において，最後に置かれた定理 19 は

$$\sum_{p:\text{素数}} \frac{1}{p} = \infty$$

を主張している．つまり，素数の逆数和は無限大という画期的結果である．素数の個数が無限個であることはピタゴラス学派が証明していたのである（0.1 節参照）が，逆数和が無限大であるという結果はそれを精密にしたものである．それは，$\zeta(1) = \infty$ というオレーム（1350 年頃，0.3 節と 0.5 節参照）の結果において左辺をオイラー積におきかえた後に両辺の対数を取るという計算によって証明される．さらに，オイラーは

$$\sum_{p:\text{素数}} \frac{1}{p} = \log\log\infty$$

という表わし方をしていて，それは

$$\sum_{p \leq x} \frac{1}{p} \sim \log\log x \qquad (x \to \infty)$$

を意味していると考えることができる．

実は，この式から素数定理

$$\pi(x) \sim \frac{x}{\log x} \qquad (x \to \infty)$$

を推測することは難しくないので書いておこう．ただし，$\pi(x)$ は x 以下の素数の個数を表わす．それには，「素数の密度関数 $\varphi(x)$」を想定すればよい．すると

$$\pi(x) = \int_0^x \varphi(t)\,dt$$

であり

$$\sum_{p \leq x} \frac{1}{p} = \int_0^x \frac{\varphi(t)}{t}\,dt \sim \log\log x$$

である．したがって，後者を x について微分することにより

$$\frac{\varphi(x)}{x} \sim \frac{1}{x\log x},$$

つまり

$$\varphi(x) \sim \frac{1}{\log x}$$

となることが推測される．よって，

$$\pi(x) \sim \int_0^x \frac{dt}{\log t} \sim \frac{x}{\log x} \qquad (x \to \infty)$$

となって素数定理が妥当であると思うことができる．素数定理の完全な証明は，
1859 年のリーマンによる「素数公式」（第 4 章参照）の後に，1896 年にド・ラ・
ヴァレ・プーサン（ベルギー）とアダマール（フランス）によって独立に与えら
れることになる．

　なお，誤解されがちなので注意しておくと，オイラーの定理「素数の逆数和は
無限大」は数学理論による成果であり，数値計算によって予想されたものでは全
くない．実際，21 世紀の今日でも，素数と判定できているものの逆数和は 10 に
遠く及ばず 4 程度である．

1.4　関数等式（1739 年，32 歳；1749 年，42 歳）

　オイラーは論文

　"De seriebus quibusdam considerationes"［ある級数に関する考察］Com-
　mentarii Acad. Scient. Petropolitanae **12**（1740），1750, 53-96（E130，1739
　年 10 月 22 日付，32 歳，全集 I -14，407-462）

において

$$\zeta(s) \quad \longleftrightarrow \quad \zeta(1-s)$$

という関数等式を発見した．
　また，10 年後の論文

　"Remarques sur un beau rapport entre les series des puissances tant
　directes que reciproque"［自然数の正べき和と負べき和の美しい関係］
　Mémoires de l'académie des sciences de Berlin［**17**］（1761），1768, 83-106
　（E352，1749 年執筆，42 歳，全集 I -15，70-90）

において，研究を深化している．

前者においては，§ 30 にて

$$1-2^2+3^2-4^2+\text{etc.} = 0,$$
$$1-2^4+3^4-4^4+\text{etc.} = 0,$$
$$1-2^6+3^6-4^6+\text{etc.} = 0$$

$$\text{etc.}$$

と書かれていて，§ 31 には

$$1-2+3-4+\text{etc.} = \frac{1}{4} = \frac{2\cdot1}{\pi^2}\left(1+\frac{1}{3^2}+\frac{1}{5^2}+\text{etc.}\right),$$
$$1-2^3+3^3-4^3+\text{etc.} = \frac{-1}{8} = \frac{-2\cdot1\cdot2\cdot3}{\pi^4}\left(1+\frac{1}{3^4}+\frac{1}{5^4}+\text{etc.}\right),$$
$$1-2^5+3^5-4^5+\text{etc.} = \frac{1}{4} = \frac{2\cdot1\cdot2\cdot3\cdot4\cdot5}{\pi^6}\left(1+\frac{1}{3^6}+\frac{1}{5^6}+\text{etc.}\right),$$
$$1-2^7+3^7-4^7+\text{etc.} = \frac{-17}{16} = \frac{-2\cdot1\cdot2\cdots 7}{\pi^8}\left(1+\frac{1}{3^8}+\frac{1}{5^8}+\text{etc.}\right)$$

$$\text{etc.}$$

と記されている．後者においては

$$\frac{1-2^{n-1}+3^{n-1}-4^{n-1}+5^{n-1}-6^{n-1}+\text{etc.}}{1-2^{-n}+3^{-n}-4^{-n}+5^{-n}-6^{-n}+\text{etc.}} = \frac{-1\cdot2\cdot3\cdots (n-1)(2^n-1)}{(2^{n-1}-1)\pi^n}\cos\frac{n\pi}{2}$$

となっている．これらは

$$\varphi(s) = \sum_{n:\text{奇数}} n^{-s} = (1-2^{-s})\zeta(s),$$
$$\psi(s) = \sum_{n=1}^{\infty} (-1)^{n-1}n^{-s} = (1-2^{1-s})\zeta(s)$$

を用いると，それぞれ

$$\psi(-1) = \frac{1}{4} = \frac{2\cdot1}{\pi^2}\varphi(2),$$
$$\psi(-2) = 0,$$
$$\psi(-3) = -\frac{1}{8} = -\frac{2\cdot3!}{\pi^4}\varphi(4),$$
$$\psi(-4) = 0,$$
$$\psi(-5) = \frac{1}{4} = \frac{2\cdot5!}{\pi^6}\varphi(6),$$

26   第1章 オイラーのゼータ関数論

$$\phi(-6) = 0,$$

$$\phi(-7) = -\frac{17}{16} = -\frac{2 \cdot 7!}{\pi^8}\varphi(8)$$

および

$$\frac{\phi(1-n)}{\phi(n)} = \frac{-(n-1)!(2^n-1)}{(2^{n-1}-1)\pi^n}\cos\left(\frac{n\pi}{2}\right)$$

を言っているので，関数等式

$$\zeta(1-s) = \zeta(s)2(2\pi)^{-s}\Gamma(s)\cos\left(\frac{\pi s}{2}\right)$$

に他ならないことがわかる．ただし，$\Gamma(s)$ はガンマ関数であり，これもオイラーが1729年（22歳）に発見したものである．

オイラーは発散級数の和をうまく求めて

$$\zeta(1-n) = (-1)^{n-1}\frac{B_n}{n} \qquad (n = 1, 2, 3, \cdots)$$

を示して関数等式に至ったのである．

発散級数の和をどのように求めたのかも少しやっておこう．それには級数の和の公式

$$1-x+x^2-x^3+\cdots = \frac{1}{1+x},$$

$$1-2x+3x^2-4x^3+\cdots = \frac{1}{(1+x)^2},$$

$$1-2^2x+3^2x^2-4^2x^3+\cdots = \frac{1-x}{(1+x)^3},$$

$$1-2^3x+3^3x^2-4^3x^3+\cdots = \frac{1-4x+x^2}{(1+x)^4},$$

$$1-2^4x+3^4x^2-4^4x^3+\cdots = \frac{1-11x+11x^2-x^3}{(1+x)^5},$$

$$1-2^5x+3^5x^2-4^5x^3+\cdots = \frac{1-26x+66x^2-26x^3+x^4}{(1+x)^6},$$

$$1-2^6x+3^6x^2-4^6x^3+\cdots = \frac{1-57x+302x^2-302x^3+57x^4-x^5}{(1+x)^7},$$

……

において$x = 1$とするのである：

$$1-2^0+3^0-4^0+5^0-6^0+\cdots \; = \frac{1}{2},$$

$$1-2+3-4+5-6+\cdots \; = \frac{1}{4},$$

$$1-2^2+3^2-4^2+5^2-6^2+\cdots \; = 0,$$

$$1-2^3+3^3-4^3+5^3-6^3+\cdots \; = -\frac{2}{16},$$

$$1-2^4+3^4-4^4+5^4-6^4+\cdots \; = 0,$$

$$1-2^5+3^5-4^5+5^5-6^5+\cdots \; = +\frac{16}{64},$$

$$1-2^6+3^6-4^6+5^6-6^6+\cdots \; = 0,$$

$$1-2^7+3^7-4^7+5^7-6^7+\cdots \; = -\frac{272}{256},$$

$$1-2^8+3^8-4^8+5^8-6^8+\cdots \; = 0,$$

$$1-2^9+3^9-4^9+5^9-6^9+\cdots \; = +\frac{7936}{1024},$$

$$\cdots\cdots$$

この計算は第2の論文 E352 の§3を再現している．x のべき級数の和の公式は，本来 $|x| < 1$ において有効な等式であり，$x = 1$ において適用するのはやや問題があることに注意しておこう．x のべき級数の和の公式のうち，はじめのものは等比級数の和の公式そのものである．次の段以降の公式は「x をかけておいてから x で微分する」という操作を行うことによって，順番に出てくる．

ここで，1739 年の論文 E130 において，ゼータ関数の零点

$$s = -2, -4, -6, -8, -10, \cdots$$

が発見されていたことは特筆に値する．つまり，

$$0 = \zeta(-2) = \zeta(-4) = \zeta(-6) = \zeta(-8) = \zeta(-10) = \cdots$$

という等式である．これは史上初のゼータ関数零点の発見であり，ちょうど 120 年後の 1859 年にリーマンがさらなる零点を研究するきっかけを与えていたのである．リーマンは，上記の零点は $\zeta(s)$ の実零点を尽していて，虚零点の研究が素数公式にとって必須であることを明らかにし，それらがすべて「$\mathrm{Re}\,(s) = \frac{1}{2}$」

28   第1章　オイラーのゼータ関数論

という一直線上に乗るに違いないという**リーマン予想**に至るのである（本書の第4章参照）.

　ところで，1749年の論文 E352 が 1739年の論文 E130 より進化しているところを報告しておかないとオイラーに申し訳ないことになってしまうだろう. それを端的に一つ上げることにすると，関数等式

$$\zeta(1-s) = \zeta(s)2(2\pi)^{-s}\Gamma(s)\cos\left(\frac{\pi s}{2}\right)$$

の両辺を $s=3$ において微分することによって

$$-\zeta'(-2) = \frac{1}{4\pi^2}\zeta(3),$$

つまり

$$\zeta(3) = -4\pi^2\zeta'(-2)$$

という明示式を得たことである. それが，23年後に，オイラーの1772年の研究に発展することになる（1.6節参照）.

1.5　積分表示（1768年，61歳）

　オイラーは $\zeta(s)$ の積分表示を論文

　　"De summis serierum numeros Bernoullianos involventium"［ベルヌイ数を含む級数の和］Novi Commentarii Academiae Scientiarum Petropolitanae **14** (1769): I, 1770, 129-167（E393，1768年8月18日付，61歳，全集 I -15, 91-130）

において得た. それは

$$\zeta(s) = \frac{1}{\Gamma(s)}\int_0^1 \frac{\left(\log\frac{1}{x}\right)^{s-1}}{1-x}dx$$

である（§20，全集 I -15, 111-112）.

　この表示は1859年にリーマンが $\zeta(s)$ の解析接続を与えたときの出発点になったものである. 残念ながら，ゼータ関数の専門家と呼ばれる人たちでさえ「積分表示がオイラーから来てるなんて聞いたことない」と言うのが実状で，なげかわ

しい. なお, リーマンはオイラーの表示において $x = e^{-t}$ として

$$\zeta(s) = \frac{1}{\Gamma(s)} \int_0^\infty \frac{t^{s-1}}{e^t - 1} dt$$

を基本とした (詳しくは第4章参照).

オイラーの積分表示が成立することは, 次のように確認することができる ($\mathrm{Re}(s) > 1$とする):

$$\frac{1}{\Gamma(s)} \int_0^1 \frac{\left(\log\frac{1}{x}\right)^{s-1}}{1-x} dx = \frac{1}{\Gamma(s)} \int_0^1 \left(\log\frac{1}{x}\right)^{s-1} \left(\sum_{n=0}^\infty x^n\right) dx$$

$$= \sum_{n=0}^\infty \frac{1}{\Gamma(s)} \int_0^1 x^n \left(\log\frac{1}{x}\right)^{s-1} dx$$

$$= \sum_{n=0}^\infty (n+1)^{-s}$$

$$= \zeta(s).$$

ただし, オイラーの定積分

$$\int_0^1 x^n \left(\log\frac{1}{x}\right)^{s-1} dx = \Gamma(s)(n+1)^{-s}$$

を用いている.

オイラーが発見した積分表示は, その後いろいろなゼータ関数へと拡張されて, 現在へと至っている. ちなみに, 本年2018年はオイラーがゼータ関数の積分表示を発見して250周年という記念すべき年となっている.

1.6　$\zeta(3)$ の表示 (1772年, 65歳)

オイラーは論文

"Exercitationes Analyticae" [解析練習] Novi Commentarii Academiae Scientiarum Petropolitanae **17** (1772), 173-204 (E432, 1772年5月18日付, 全集 I-15, 131-167)

において $\zeta(3)$ の表示を与えた. それは, 論文の表示では

$$\sum_{n:\text{奇数}} \frac{1}{n^3} = \frac{\pi^2}{4} \log 2 + 2 \int_0^{\frac{\pi}{2}} x \log(\sin x) dx$$

30 第1章 オイラーのゼータ関数論

である．この等式は

$$\sum_{n:\text{奇数}}\frac{1}{n^3} = \frac{7}{8}\zeta(3)$$

を用いると

$$\zeta(3) = \frac{2\pi^2}{7}\log 2 + \frac{16}{7}\int_0^{\frac{\pi}{2}} x\log(\sin x)\,dx$$

と同値である．

単行本

黒川信重『現代三角関数論』岩波書店，2013 年

に詳述されている三重三角関数

$$\mathscr{S}_3(x) = e^{\frac{x^2}{2}}\prod_{n=1}^{\infty}\left\{\left(1-\frac{x^2}{n^2}\right)^{n^2}e^{x^2}\right\}$$

を用いるとオイラーの等式は

$$\zeta(3) = \frac{8\pi^2}{7}\log\left(\mathscr{S}_3\left(\frac{1}{2}\right)^{-1}2^{\frac{1}{4}}\right)$$

とまとめることができる．実際，

$$\mathscr{S}_3(x) = \exp\left(\int_0^x \pi t^2\cot(\pi t)\,dt\right)$$

となっているので（上記の本を参照），

$$\begin{aligned}
\log\mathscr{S}_3\left(\frac{1}{2}\right) &= \int_0^{\frac{1}{2}} \pi t^2\cot(\pi t)\,dt\\
&= \left[t^2\log(\sin \pi t)\right]_0^{\frac{1}{2}} - 2\int_0^{\frac{1}{2}} t\log(\sin \pi t)\,dt\\
&= -2\int_0^{\frac{1}{2}} t\log(\sin \pi t)\,dt\\
&\overset{\pi t = x}{=} -\frac{2}{\pi^2}\int_0^{\frac{\pi}{2}} x\log(\sin x)\,dx
\end{aligned}$$

となることより，オイラーの等式は

$$\begin{aligned}
\zeta(3) &= \frac{2\pi^2}{7}\log 2 - \frac{8\pi^2}{7}\log\mathscr{S}_3\left(\frac{1}{2}\right)\\
&= \frac{8\pi^2}{7}\log\left(\mathscr{S}_3\left(\frac{1}{2}\right)^{-1}2^{\frac{1}{4}}\right)
\end{aligned}$$

となるのである.

オイラーの等式を導くためにオイラーが用いた方法は独特なものである. それは, 関数等式 $\zeta(s) \leftrightarrow \zeta(1-s)$ から得られた等式

$$\sum_{n:奇数} \frac{1}{n^3} = \frac{\pi^2}{2} \Big(\sum_{n=2}^{\infty} (-1)^n n^2 \log n \Big)$$

から出発する. ここで, オイラーは

$$Z = \sum_{n=2}^{\infty} (-1)^n n^2 \log n$$

とおいて変形して行くのであるが, これはもちろん発散級数である.

ただし, 1.4 節と同じく

$$\psi(s) = \sum_{n=1}^{\infty} (-1)^{n-1} n^{-s}$$

とおくと

$$\begin{aligned}
\psi(s) &= \sum_{n=1}^{\infty} n^{-s} - 2 \sum_{n:偶数} n^{-s} \\
&= \sum_{n=1}^{\infty} n^{-s} - 2 \sum_{n=1}^{\infty} (2n)^{-s} \\
&= (1 - 2^{1-s}) \zeta(s)
\end{aligned}$$

となるので,

$$\begin{aligned}
Z &= \psi'(-2) \\
&= -7\zeta'(-2)
\end{aligned}$$

と考えることができる. したがって, オイラーの等式

$$\sum_{n:奇数} \frac{1}{n^3} = \frac{\pi^2}{2} Z$$

は

$$\zeta(3) = -4\pi^2 \zeta'(-2)$$

と捉えることができる. この等式は 1.4 節で関数等式から導いた等式である.

このようにして, オイラーは

$$Z = -7\zeta'(-2)$$

をさまざまな形に変形して行くことによって, $\zeta(3)$ の表示を得ることになる. この論文において, ゼータ関数を示すのに Z という文字 (ラテン語の「ゼータ」)

32　第1章　オイラーのゼータ関数論

を用いたことは 1859 年のリーマンが「ゼータ」を用いる 87 年前のことであり，したがって，「ゼータ」という名前の起源はオイラーにあるとも言うことができる.

オイラーが Z を変形して行く方法は発散級数を直接扱うという困難な方法なので，ここで紹介するには適していない. それについては，オイラーが変形途中で

$$\zeta(3) = \frac{\pi^2}{7} - \frac{4\pi^2}{7} \sum_{n=1}^{\infty} \frac{\zeta(2n)}{(2n+1)(2n+2)2^{2n}}$$

という表示も得ている（正しい等式である）ことを注意するだけにして，発散級数を用いない方法によって $\zeta(3)$ の表示を導くことにする.

そのためには，オイラーによる展開

$$\log(\sin x) = -\log 2 - \sum_{n=1}^{\infty} \frac{\cos(2nx)}{n} \qquad (0 < x < \pi)$$

からはじめる. これは 1.5 節で取り上げた論文 E393 の §37（全集 I-15, 130）にある. 現代的には

$$\log(1 - e^{2ix}) = -\sum_{n=1}^{\infty} \frac{e^{2inx}}{n}$$

の両辺の実部を比較して

$$\begin{aligned}
左辺の実部 &= \mathrm{Re}\log(1 - e^{2ix}) \\
&= \log|1 - e^{2ix}| \\
&= \log(2\sin x), \\
右辺の実部 &= -\sum_{n=1}^{\infty} \frac{\cos(2nx)}{n}
\end{aligned}$$

となることから

$$\log(2\sin x) = -\sum_{n=1}^{\infty} \frac{\cos(2nx)}{n},$$

つまり

$$\log(\sin x) = -\log 2 - \sum_{n=1}^{\infty} \frac{\cos(2nx)}{n}$$

とすればよい. 現代用語では「フーリエ展開」であるが，もちろん，フーリエはオイラーより後の数学者である.

オイラーは，上記の公式から微分積分の講義において有名となっている公式

$$\int_0^{\frac{\pi}{2}} \log(\sin x)\,dx = -\frac{\pi}{2}\log 2$$

を出している．それは

$$\int_0^{\frac{\pi}{2}} \cos(2nx)\,dx = 0 \qquad (n \geq 1)$$

から，すぐわかる．これにならって，積分

$$I = \int_0^{\frac{\pi}{2}} x \log(\sin x)\,dx$$

を計算する：

$$I = \int_0^{\frac{\pi}{2}} x\left(-\log 2 - \sum_{n=1}^{\infty} \frac{\cos(2nx)}{n}\right)dx$$

$$= -\log 2 \int_0^{\frac{\pi}{2}} x\,dx - \sum_{n=1}^{\infty} \frac{1}{n}\int_0^{\frac{\pi}{2}} x\cos(2nx)\,dx$$

$$= -\frac{\pi^2}{8}\log 2 + \frac{1}{2}\sum_{n:\text{奇数}} \frac{1}{n^3}.$$

ここで，

$$\int_0^{\frac{\pi}{2}} x\,dx = \frac{\pi^2}{8},$$

$$\int_0^{\frac{\pi}{2}} x\cos(2nx)\,dx = \begin{cases} -\dfrac{1}{2n^2} & \cdots n \text{ は奇数,} \\ 0 & \cdots n \text{ は偶数} \end{cases}$$

となることを用いている．したがって

$$\sum_{n:\text{奇数}} \frac{1}{n^3} = \frac{\pi^2}{4}\log 2 + 2I$$

となり，オイラーの等式に至る．

オイラーは整数 m に対しての値 $\zeta(m)$ を求めることを 20 代のときから行って
きていた：

1.1 節は "$\zeta(1)$"（正規化された値）であり，

1.2 節は $\zeta(2), \zeta(4), \zeta(6), \cdots$ であり，

1.4 節は $\zeta(0), \zeta(-1), \zeta(-2), \zeta(-3), \cdots$ であった．

したがって，残っていたのは $\zeta(3), \zeta(5), \zeta(7), \cdots$ であり，論文 E432 において
$\zeta(3)$ を扱い一応の結論に至ったのである．この方法は $\zeta(5), \zeta(7), \cdots$ にも応用でき

34　第1章　オイラーのゼータ関数論

るものであり読者は試みると良い．その場合に，私がオイラーを読み込むことに
よって書いた既出の単行本『現代三角関数論』が道案内役となるであろう．

1.7　素数分布（1775年，68歳）

オイラーは論文

"De summa seriei ex numeris primis formatae

$$\frac{1}{3} - \frac{1}{5} + \frac{1}{7} + \frac{1}{11} - \frac{1}{13} - \frac{1}{17} + \frac{1}{19} + \frac{1}{23} - \frac{1}{29} + \frac{1}{31} - \text{etc.}$$

ubi numeri primi formae $4n-1$ habent signum positivum, formae autem $4n+1$ signum negativum" [$\sum_{p:奇素数} (-1)^{\frac{p-1}{2}} p^{-1}$ について]（E596，1775年10月2日付，全集 I -4，146-162）

において

$$Z = \frac{1}{3^n} - \frac{1}{5^n} + \frac{1}{7^n} + \frac{1}{11^n} - \frac{1}{13^n} - \text{etc.}$$

と表記し（§22），その値を

$$\frac{1}{3} - \frac{1}{5} + \frac{1}{7} + \frac{1}{11} - \frac{1}{13} - \frac{1}{17} + \frac{1}{19} + \text{etc.} \quad = 0.3349816$$

$$\frac{1}{3^3} - \frac{1}{5^3} + \frac{1}{7^3} + \frac{1}{11^3} - \frac{1}{13^3} - \frac{1}{17^3} + \frac{1}{19^3} + \text{etc.} = 0.0322521$$

$$\frac{1}{3^5} - \frac{1}{5^5} + \frac{1}{7^5} + \frac{1}{11^5} - \frac{1}{13^5} - \frac{1}{17^5} + \frac{1}{19^5} + \text{etc.} = 0.0038602$$

のように計算した（§28）．

　特に，1.3節のオイラー積の論文で示した通り

（A）　$\sum_{p:奇素数} \frac{1}{p} = \infty$

であるから，

（B）　$\sum_{p:奇素数} \frac{(-1)^{\frac{p-1}{2}}}{p} = -0.3349816$

というオイラーの今回の計算を合わせると，$\frac{(A)+(B)}{2}$ および $\frac{(A)-(B)}{2}$ を作る

ことにより

$$\sum_{p \equiv 1 \bmod 4} \frac{1}{p} = \infty$$

および

$$\sum_{p \equiv 3 \bmod 4} \frac{1}{p} = \infty$$

がわかる．したがって，$p \equiv 1 \bmod 4$ となる素数 p も，$p \equiv 3 \bmod 4$ となる素数 p もそれぞれ無限個存在することがわかる．

オイラーの計算の基となったものは

$$2 = \frac{3+1}{3-1} \cdot \frac{5-1}{5+1} \cdot \frac{7+1}{7-1} \cdot \frac{11+1}{11-1} \cdot \frac{13-1}{13+1} \cdots$$

という等式である．これは

$$\frac{\pi^2}{8} = \sum_{n: 奇数} \frac{1}{n^2} = \prod_{p: 奇素数} \frac{p^2}{p^2 - 1}$$

を

$$\frac{\pi^2}{16} = \left(\frac{\pi}{4}\right)^2 = \left(\sum_{n: 奇数} \frac{(-1)^{\frac{n-1}{2}}}{n}\right)^2 = \prod_{p: 奇素数} \frac{p^2}{\left(p - (-1)^{\frac{p-1}{2}}\right)^2}$$

で割ることによって得られる．

オイラーは，さらに進んで

$$\sum_{p \equiv 1 \bmod 100} \frac{1}{p} = \frac{1}{101} + \frac{1}{401} + \frac{1}{601} + \frac{1}{701} + \frac{1}{1201}$$
$$+ \frac{1}{1301} + \frac{1}{1601} + \frac{1}{1801} + \frac{1}{1901} + \cdots$$

が無限大であることも予想している．オイラーの予想は，1837 年にディリクレが，

『$(a, N) = 1$ となる自然数の a，N に対して

$$\sum_{p \equiv a \bmod N} \frac{1}{p} = \infty$$』

という形で証明した．とくに，$p \equiv a \bmod N$ となる素数 p は無限個存在することがわかる．

ここには，オイラーからディリクレへの表現論（ディリクレ指標の理論）の進

歩が必要であった．詳しくは，次の本を読まれたい：

黒川信重『ガロア理論と表現論：ゼータ関数への出発』日本評論社，2014
年．

1.8　オイラーのゼータ関数論のまとめ

　これまで見てきたように，オイラーは 20 代から 60 代にわたって，一生ゼータ
関数を研究し，基本的で重要な性質——とくに，オイラー積表示，特殊値表示，
関数等式，積分表示——を発見した．それは，後に続く世代——とくに，ディリ
クレやリーマン——に研究指針を与え，ゼータ関数論の発展をもたらした（第 4
章と終章参照）．

　ただし，“オイラーのゼータ関数論”には 2017 年まで認識されていなかった研
究があった．それは「絶対ゼータ関数論」の先駆的考察である．そのことについ
ては，第 2 章の準備のあと第 3 章で述べる．

　最後に，オイラーのゼータ関数論文の翻訳および解説として，著者たちによる
『オイラー《ゼータ関数論文集》』（日本評論社，2018 年）が出版される．日本語
へのていねいな翻訳が付いていて便利である．

第2章
絶対ゼータ関数入門

　最近までは，「オイラーのゼータ関数論」としては第1章で取り上げたもので充分であった．それは，『オイラー全集』の I–14 巻と I–15 巻が中心であり，例外は mod 4 の素数分布の話が『オイラー全集』 I–4 巻にあるだけである．

　ところが，21世紀もここまで進んでくると，オイラーに新たなるゼータ関数研究が発見された．その最初の報告は発見者によりなされている：

　　黒川信重「オイラーのゼータ関数論」『現代数学』2017年4月号〜2018年3
　　月号．

その新たなゼータ関数研究とは『オイラー全集』 I–17 巻と I–18 巻に書かれているものであり，内容は「絶対ゼータ関数論」である．

　絶対ゼータ関数論は21世紀の数学と言われる『絶対数学』に属するものであり，2004年のスーレの論文から進展してきた．私は絶対ゼータ関数論に関して

　　黒川信重『絶対ゼータ関数論』岩波書店，2016年,
　　黒川信重『絶対数学原論』現代数学社，2016年

などの単行本を出版し，その普及につとめてきたのであるが，まだ充分に一般へと普及しているとは言えない．

　そこで，第2章では21世紀の絶対ゼータ関数論の簡単な紹介を行うこととした．オイラーの絶対ゼータ関数研究については，この基礎の上に立って，第3章で解説することにする．そのオイラーの研究は1774年〜1776年に行われたものなのであるが，それを真に理解するには250年近くの時間が必要であったのである．

2.1 絶対ゼータ関数の歴史

絶対ゼータ関数は，はじめは，有限体 $\mathbb{F}_p$（p は素数）上の合同ゼータ関数から "$p \to 1$" とすることによって得られた（スーレ，2004）：

$$\zeta_{X/\mathbb{F}_1}(s) = \lim_{p \to 1} \zeta_{X/\mathbb{F}_p}(s).$$

これについては『ゼータへの招待』（シリーズ《ゼータの現在》）の第 4 章「合同ゼータ関数」を参照されたい．ただし，X は適当なスキームである．ここで，「絶対」とは「1 元体 $\mathbb{F}_1$ 上のもの」という意味であり，『絶対数学原論』を参照されたい．

その後，黒川（2005），ダイトマール（2006），コンヌ＋コンサニ（2010，2011），黒川・落合（2013）などの研究の後，絶対ゼータ関数を絶対保型形式から構成する方法に落ち着いた：

　黒川信重『現代三角関数論』岩波書店，2013 年，

　黒川信重『絶対ゼータ関数論』岩波書店，2016 年.

それは，

$$f\left(\frac{1}{x}\right) = Cx^{-D}f(x)$$

をみたす関数

$$f : \mathbb{R}_{>0} \longrightarrow \mathbb{C}$$

を「絶対保型形式」と呼ぶことにし（ただし，$\mathbb{R}_{>0}$ は正の実数全体を表わす），f から絶対フルビッツゼータ関数

$$Z_f(w, s) = \frac{1}{\Gamma(w)} \int_1^\infty f(x) x^{-s-1} (\log x)^{w-1} \, dx$$

を経由して，絶対（ハッセ）ゼータ関数

$$\zeta_f(s) = \exp\left(\left.\frac{\partial}{\partial w} Z_f(w, s)\right|_{w=0}\right)$$

に至るのである．

2.2 絶対ゼータ関数の構成

絶対ゼータ関数を構成する要点をスキーム X（あるいは $\mathbb{Z}$ 上の代数的集合）に対してまとめておこう．技術的理由から，X のオイラー標数 $\chi(X)$ は零としておく．

合同ゼータ関数

$$\zeta_{X/\mathbb{F}_p}(s) = \exp\left(\sum_{m=1}^{\infty} \frac{|X(\mathbb{F}_{p^m})|}{m} p^{-ms}\right)$$

は p^{-s} の有理関数による（精密にはグロタンディークの行列式表示 SGA5, 1965）．そこで，"$p \to 1$" の極限が存在するとき（その例はたくさんあり，代表的なものは後に述べる）に，絶対ゼータ関数が

$$\zeta_{X/\mathbb{F}_1}(s) = \lim_{p \to 1} \zeta_{X/\mathbb{F}_p}(s)$$

として定まる．ここで，$\mathbb{F}_1$ は 1 元体である．1 元体については

　　黒川信重『絶対数学原論』現代数学社，2016 年

を読まれたい．重要なことは，$\lim_{p \to 1} \mathbb{F}_p = \mathbb{F}_1$ であり，一般には

$$\lim_{t \to 1} [p \text{ 版}] = [\text{絶対版}]$$

ということになる．オイラー定数を中心として p 版・p 類似を付録 D にまとめてある．

さらに，X に対しては，

$$f(q) = |X(\mathbb{F}_q)|$$

がすべての素数べき $q = p^m$（p は素数，m は自然数）に対して成立するような多項式

$$f(x) = \sum_k a(k) x^k \in \mathbb{Z}[x]$$

が存在するものとする．そのとき，合同ゼータ関数は

$$\zeta_{X/\mathbb{F}_p}(s) = \exp\left(\sum_{m=1}^{\infty} \frac{f(p^m)}{m} p^{-ms}\right)$$

$$= \exp\left(\sum_k a(k) \sum_{m=1}^{\infty} \frac{1}{m} p^{-m(s-k)}\right)$$

40 第 2 章 絶対ゼータ関数入門

$$= \exp\left(-\sum_k a(k)\log\left(1-p^{-(s-k)}\right)\right)$$

$$= \prod_k (1-p^{-(s-k)})^{-a(k)}$$

となる．また，オイラー標数 $\chi(X)$ は

$$\chi(X) = f(1) = \sum_k a(k)$$

となるので $\chi(X) = 0$ とは

$$\sum_k a(k) = 0$$

に他ならない．したがって，

$$\zeta_{X/\mathbb{F}_p}(s) = \prod_k \left(\frac{1-p^{-(s-k)}}{1-p^{-1}}\right)^{-a(k)}$$

となる．

ここで，すぐわかるように（微分計算）

$$\lim_{p\to 1} \frac{1-p^{-(s-k)}}{1-p^{-1}} = s-k$$

であるので，

$$\lim_{p\to 1} \zeta_{X/\mathbb{F}_p}(s) = \prod_k (s-k)^{-a(k)}$$

を得る．つまり

$$\zeta_{X/\mathbb{F}_1}(s) = \prod_k (s-k)^{-a(k)}$$

である．

一方，$f(x)$ から出発すると

$$Z_f(w,s) = \frac{1}{\Gamma(w)} \int_1^\infty f(x)x^{-s-1}(\log x)^{w-1}\,dx$$

$$= \sum_k a(k) \frac{1}{\Gamma(w)} \int_1^\infty x^{-(s-k)-1}(\log x)^{w-1}\,dx$$

$$= \sum_k a(k)(s-k)^{-w}$$

となる．必要となる定積分はガンマ関数の積分表示

$$\Gamma(w) = \int_0^\infty e^{-t}t^{w-1}dt$$

$$= \int_1^\infty x^{-1}(\log x)^{w-1}\,dx$$

である．ただし，$x = e^t$ とおきかえている．よって，

$$\zeta_f(s) = \exp\left(\frac{\partial}{\partial w}Z_f(w,s)\bigg|_{w=0}\right)$$
$$= \exp\left(-\sum_k a(k)\log(s-k)\right)$$
$$= \prod_k (s-k)^{-a(k)}$$

となり，同一の絶対ゼータ関数

$$\zeta_{X/\mathbb{F}_1}(s) = \zeta_f(s)$$

に至るのである．

さらに，コンヌ＋コンサニの構成では

$$\zeta_f(s) = \exp\left(\int_1^\infty \frac{f(x)}{\log x}x^{-s-1}dx\right)$$

となるのであるが，この計算はオイラーのものであるので，第3章で説明する．

2.3 代数的トーラス

絶対ゼータ関数の計算に慣れるために，代数的トーラス

$$X = GL(1)^n = \mathbb{G}_m^n \qquad (n \geq 1)$$

を例にとって解説しよう．

まず，合同ゼータ関数は

$$\zeta_{\mathbb{G}_m^n/\mathbb{F}_p}(s) = \exp\left(\sum_{m=1}^\infty \frac{|\mathbb{G}_m^n(\mathbb{F}_{p^m})|}{m}p^{-ms}\right)$$
$$= \exp\left(\sum_{m=1}^\infty \frac{(p^m-1)^n}{m}p^{-ms}\right)$$
$$= \exp\left(\sum_{m=1}^\infty \frac{1}{m}\left(\sum_{k=0}^n (-1)^{n-k}\binom{n}{k}p^{mk}\right)p^{-ms}\right)$$
$$= \prod_{k=0}^n (1-p^{-(s-k)})^{(-1)^{n+1-k}\binom{n}{k}}$$
$$= \prod_{k=0}^n \left(\frac{1-p^{-(s-k)}}{1-p^{-1}}\right)^{(-1)^{n+1-k}\binom{n}{k}}$$

である．ただし，

$$\sum_{k=0}^n (-1)^k\binom{n}{k} = 0$$

44　第 2 章　絶対ゼータ関数入門

黒川信重「オイラーのゼータ関数論」『現代数学』2017 年 4 月号〜2018 年 3 月号（2018 年夏に単行本化）

に発見報告を行った通りである.

オイラーの長年にわたるゼータ研究の成果は，まさに，驚異の一言である.

2.4　関数等式

代数的トーラスの絶対ゼータ関数は

$$\zeta_{\mathrm{G}_{m/\mathbb{F}_1}^n}(s) = \prod_{k=0}^{n} (s-k)^{(-1)^{n+1-k}\binom{n}{k}}$$

であった. 具体例を書くと

$$\zeta_{\mathrm{G}_{m/\mathbb{F}_1}}(s) = \frac{s}{s-1},$$

$$\zeta_{\mathrm{G}_{m/\mathbb{F}_1}^2}(s) = \frac{(s-1)^2}{(s-2)s},$$

$$\zeta_{\mathrm{G}_{m/\mathbb{F}_1}^3}(s) = \frac{(s-2)^3 s}{(s-3)(s-1)^3},$$

$$\zeta_{\mathrm{G}_{m/\mathbb{F}_1}^4}(s) = \frac{(s-3)^4(s-1)^4}{(s-4)(s-2)^6 s}$$

となっている. したがって，関数等式

$$\zeta_{\mathrm{G}_{m/\mathbb{F}_1}}(1-s) = \zeta_{\mathrm{G}_{m/\mathbb{F}_1}}(s)^{-1},$$

$$\zeta_{\mathrm{G}_{m/\mathbb{F}_1}^2}(2-s) = \zeta_{\mathrm{G}_{m/\mathbb{F}_1}^2}(s),$$

$$\zeta_{\mathrm{G}_{m/\mathbb{F}_1}^3}(3-s) = \zeta_{\mathrm{G}_{m/\mathbb{F}_1}^3}(s)^{-1},$$

$$\zeta_{\mathrm{G}_{m/\mathbb{F}_1}^4}(4-s) = \zeta_{\mathrm{G}_{m/\mathbb{F}_1}^4}(s)$$

が見てとれる.

一般に，

$$\zeta_{\mathrm{G}_{m/\mathbb{F}_1}^n}(n-s) = \zeta_{\mathrm{G}_{m/\mathbb{F}_1}^n}(s)^{(-1)^n}$$

となることも次の通りわかる：

$$\zeta_{\mathrm{G}_{m/\mathbb{F}_1}^n}(n-s) = \prod_{k=0}^{n} ((n-s)-k)^{(-1)^{n+1-k}\binom{n}{k}}$$

$$= \prod_{k=0}^{n} ((n-k)-s)^{(-1)^{(n-k)+1}\binom{n}{k}}$$

$$\overset{(1)}{=} \prod_{k=0}^{n} (k-s)^{(-1)^{k+1}\binom{n}{k}}$$

$$\overset{(2)}{=} \prod_{k=0}^{n} (s-k)^{(-1)^{k+1}\binom{n}{k}}$$

$$= \zeta_{\mathrm{G}_m^n/\mathbb{F}_1}(s)^{(-1)^n}.$$

ここで，（1）では k を $n-k$ におきかえて

$$\binom{n}{n-k} = \binom{n}{k}$$

を用い，（2）では

$$\sum_{k=0}^{n} (-1)^k \binom{n}{k} = 0$$

を使っている．代数的トーラスの絶対ゼータ関数は微分も美しい：付録 A を見られたい．

あとで便利なように，少し一般化して示しておこう．

●**定理** $f(x) \in \mathbb{Z}(x)$ をモニック多項式（最高次係数が 1）で絶対保型性

$$f\left(\frac{1}{x}\right) = Cx^{-D}f(x) \qquad (C = \pm 1, D \in \mathbb{Z})$$

をみたすものとする．このとき次が成立する．

（1） $\zeta_f(s)$ は s の有理関数である．

（2） $\zeta_f(s)$ は関数等式

$$\zeta_f(D-s)^C = (-1)^{\chi(f)} \zeta_f(s)$$

をみたす．ここで，$\chi(f) = f(1)$ はオイラー標数である．

（3） $\zeta_f(s)$ は $s = \deg(f)$ における 1 位の極を除くと $\mathrm{Re}(s) > \deg(f)-1$ において正則で非零である．

（4） 正規化されたオイラー定数を

$$\gamma^*(f) = \lim_{s \to \deg(f)} \left(\frac{\zeta_f'(s)}{\zeta_f(s)} + \frac{1}{s-\deg(f)} \right)$$

と定めると，表示式

$$\gamma^*(f) = -C \int_0^1 (f_0(x)-C) \frac{dx}{x}$$

が成り立つ．ただし，$f(x)$ の $x = 0$ における零点の位数を

$$r = \mathrm{ord}_{x=0} f(x)$$

としたとき

$$f_0(x) = f(x) x^{-r}$$

とおく．

●証明

（1） この事実は前にも述べた通り，

$$f(x) = \sum_k a(k) x^k$$

とすると

$$Z_f(w, s) = \sum_k a(k)(s-k)^{-w}$$

であり，

$$\zeta_f(s) = \prod_k (s-k)^{-a(k)}$$

という有理関数になる．

（2） 絶対保型性

$$f\left(\frac{1}{x}\right) = Cx^{-D} f(x)$$

を展開式

$$f(x) = \sum_k a(k) x^k$$

の係数の関係式によって書き換えると

$$a(D-k) = Ca(k)$$

と同値である．したがって，

$$
\begin{aligned}
\zeta_f(D-s)^C &= \prod_k ((D-s)-k)^{-Ca(k)} \\
&= \prod_k ((D-k)-s)^{-a(D-k)} \\
&= \prod_k (k-s)^{-a(k)} \\
&= (-1)^{\chi(f)} \prod_k (s-k)^{-a(k)} \\
&= (-1)^{\chi(f)} \zeta_f(s).
\end{aligned}
$$

（3） $f(x)$ の次数 $\deg(f)$ を n とし

$$f(x) = x^n + \sum_{k<n} a(k) x^k$$

と展開しておくと

$$\zeta_f(s) = \frac{1}{s-n} \times \prod_{k<n}(s-k)^{-a(k)}$$

となるので，$\zeta_f(s)$ は $s = n$ において留数

$$R(f) = \prod_{k<n}(n-k)^{-a(k)}$$

$$= \prod_{k=1}^{n} k^{-a(n-k)}$$

の1位の極をもつ．さらに，その1位の極を除いて $\mathrm{Re}\,(s) > n-1$ において正則
で非零となる．

（4） $\zeta_f(s)$ の上記の表示から

$$\frac{\zeta_f'(s)}{\zeta_f(s)} + \frac{1}{s-n} = -\sum_{k<n}\frac{a(k)}{s-k}$$

を得るので，

$$\gamma^*(f) = \lim_{s\to n}\left(\frac{\zeta_f'(s)}{\zeta_f(s)} + \frac{1}{s-n}\right)$$

$$= \lim_{s\to n}\left(-\sum_{k<n}\frac{a(k)}{s-k}\right)$$

$$= -\sum_{k<n}\frac{a(k)}{n-k}$$

$$= -\sum_{k<n}\frac{Ca(D-k)}{n-k}$$

となる．

さらに，

$$C = f_0(0) = a(r),$$

$$D = n + r,$$

$$f_0(x) = \sum_{k=r}^{n} a(k) x^{k-r}$$

であるから

$$\gamma^*(f) = -\sum_{k=r}^{n-1}\frac{Ca(n+r-k)}{n-k}$$

48   第2章　絶対ゼータ関数入門

$$= -C \sum_{k=r+1}^{n} \frac{a(k)}{k-r}$$

$$= -C \int_0^1 (f_0(x)-C) \frac{dx}{x}$$

が成立する. [証明終]

ここでは正規化されたオイラー定数 $\gamma^*(f)$ を用いているが, 正規化する前のオイラー定数 $\gamma(f)$ とは極限公式

$$\lim_{s \to \deg(f)} \left(\zeta_f(s) - \frac{R(f)}{s - \deg(f)} \right) = \gamma(f)$$

によって求められる定数 $\gamma(f)$ のことであり, 正規化されたオイラー定数 $\gamma^*(f)$ との関係は

$$\gamma^*(f) = \frac{\gamma(f)}{R(f)}$$

という簡明なものである.

2.5　諸例

ここでは, 多項式の絶対保型形式 $f(x)$ と有理関数となる絶対ゼータ関数 $\zeta_f(s)$ のいくつかを列挙する.

(A)　アフィン空間 $\mathbb{A}^n$

$$f(x) = x^n,$$

$$f\left(\frac{1}{x}\right) = x^{-2n} f(x),$$

$$\chi(f) = 1,$$

$$\zeta_{\mathbb{A}^n/\mathbb{F}_1}(s) = \zeta_f(s) = \frac{1}{s-n},$$

$$\zeta_{\mathbb{A}^n/\mathbb{F}_1}(2n-s) = -\zeta_{\mathbb{A}^n/\mathbb{F}_1}(s).$$

(B)　射影空間 $\mathbb{P}^n$

$$f(x) = x^n + x^{n-1} + \cdots + 1 = \frac{x^{n+1}-1}{x-1},$$

$$f\left(\frac{1}{x}\right) = x^{-n} f(x),$$

$$\chi(f) = n+1,$$

$$\zeta_{\mathbb{P}^n/\mathbb{F}_1}(s) = \zeta_f(s) = \frac{1}{(s-n)\cdots s},$$

$$\zeta_{\mathbb{P}^n/\mathbb{F}_1}(n-s) = (-1)^{n+1}\zeta_{\mathbb{P}^n/\mathbb{F}_1}(s).$$

(C) グラスマン空間 $G_r(n, m)$

$$f(x) = \frac{(x^n-1)\cdots(x^{n-m+1}-1)}{(x^m-1)\cdots(x-1)},$$

$$f\left(\frac{1}{x}\right) = x^{-m(n-m)}f(x),$$

$$\chi(f) = \binom{n}{m},$$

$$\zeta_{G_r(n, m)/\mathbb{F}_1}(s) = \zeta_f(s),$$

$$\zeta_{G_r(n, m)/\mathbb{F}_1}(m(n-m)-s) = (-1)^{\binom{n}{m}}\zeta_{G_r(n, m)/\mathbb{F}_1}(s).$$

(D) 位数 $-r$ の多重ガンマ関数

$$f(x) = (x^{m(1)}-1)\cdots(x^{m(r)}-1),$$

$$f\left(\frac{1}{x}\right) = (-1)^r x^{-|\underline{m}|}f(x),$$

$$|\underline{m}| = m(1)+\cdots+m(r),$$

$$\chi(f) = \begin{cases} 1 & \cdots r = 0, \\ 0 & \cdots r \geqq 1, \end{cases}$$

$$\Gamma_{-r}\bigl(s-|\underline{m}|,\ \underline{m}\bigr) = \zeta_f(s)$$
$$= \prod_{I \subset (1,\cdots,r)} (s-m(I))^{(-1)^{r-|I|+1}},$$

$$m(I) = \sum_{i \in I} m(i),$$

$$\zeta_f\bigl(|\underline{m}|-s\bigr)^{(-1)^r} = \zeta_f(s).$$

(E) 一般線形群 $GL(n)$

$$f(x) = x^{\frac{n(n-1)}{2}}(x-1)(x^2-1)\cdots(x^n-1),$$

$$f\left(\frac{1}{x}\right) = (-1)^n x^{-\frac{n(3n-1)}{2}}f(x),$$

$$\chi(f) = 0 \qquad (n \geqq 1),$$

$$\zeta_{GL(n)/\mathbb{F}_1}(s) = \zeta_f(s) = \Gamma_{-n}(s-n^2, (1, 2, \cdots, n)),$$

$$\zeta_{GL(n)/\mathbb{F}_1}\left(\frac{n(3n-1)}{2}-s\right)^{(-1)^n} = \zeta_{GL(n)/\mathbb{F}_1}(s).$$

(F) 特殊線形群 $SL(n)$

$$f(x) = x^{\frac{n(n-1)}{2}}(x^2-1)(x^3-1)\cdots(x^n-1),$$

$$f\left(\frac{1}{x}\right) = (-1)^{n-1}x^{-\frac{n(3n-1)}{2}+1}f(x),$$

$$\chi(f) = 0 \qquad (n \geqq 2),$$

$$\zeta_{SL(n)/\mathbb{F}_1}(s) = \zeta_f(s) = \Gamma_{-(n-1)}(s-(n^2-1),(2,3,\cdots,n)),$$

$$\zeta_{SL(n)/\mathbb{F}_1}\left(\frac{n(3n-1)}{2}-1-s\right)^{(-1)^{n-1}} = \zeta_{SL(n)/\mathbb{F}_1}(s).$$

(G) シンプレクティック群 $Sp(n)$（サイズ $2n$）

$$f(x) = x^{n^2}(x^2-1)(x^4-1)\cdots(x^{2n}-1),$$

$$f\left(\frac{1}{x}\right) = (-1)^n x^{-n(3n+1)}f(x),$$

$$\chi(f) = 0 \qquad (n \geqq 1),$$

$$\zeta_{Sp(n)/\mathbb{F}_1}(s) = \zeta_f(s) = \Gamma_{-n}(s-(2n^2+n),(2,4,\cdots,2n)),$$

$$\zeta_{Sp(n)/\mathbb{F}_1}(n(3n+1)-s)^{(-1)^n} = \zeta_{Sp(n)/\mathbb{F}_1}(s).$$

▶**注意** 次の2つの等式が成立する.

（1） $\zeta_{Sp(n)/\mathbb{F}_1}(s) = \zeta_{GL(n)/\mathbb{F}_1}\left(\dfrac{s-n}{2}\right).$

（2） $\zeta_{Sp(n)/\mathbb{F}_p}(s) = \zeta_{GL(n)/\mathbb{F}_{p^2}}\left(\dfrac{s-n}{2}\right).$

ただし，p は素数であり，左辺では p 元体 $\mathbb{F}_p$，右辺では p^2 元体 $\mathbb{F}_{p^2}$ となっているという違いがある.

2.6 やさしいオイラー定数

正規化されたオイラー定数 $\gamma^*(f)$ の表示式を 2.4 節で示したので，そのやさしい例を求めよう.

●**定理** H_n を

$$H_n = 1 + \frac{1}{2} + \cdots + \frac{1}{n}$$

と定まる調和数とすると，次が成り立つ．

（1）　$\gamma^*(\mathbb{G}_m^n) = H_n.$

とくに，$n \to \infty$ のとき

$$\gamma^*(\mathbb{G}_m^n) = \gamma + \log n + O\!\left(\frac{1}{n}\right).$$

ただし，γ は本来のオイラー定数 $0.577\cdots$．

（2）　$\gamma^*(\mathbb{P}^n) = -H_n.$

とくに，$n \to \infty$ のとき

$$\gamma^*(\mathbb{P}^n) = -\gamma - \log n + O\!\left(\frac{1}{n}\right).$$

●証明

（1）　$f(x) = (x-1)^n$

に対して

$$\zeta_{\mathbb{G}_m^n/\mathbb{F}_1}(s) = \zeta_f(s)$$

であるから，公式により

$$\begin{aligned}
\gamma^*(\mathbb{G}_m^n) &= \gamma^*(f) \\
&= -(-1)^n \int_0^1 \left(f(x) - (-1)^n\right)\frac{dx}{x} \\
&= \sum_{k=1}^n \frac{(-1)^{k+1}\binom{n}{k}}{k}
\end{aligned}$$

となる．一方，定積分において x を $1-x$ におきかえると

$$\begin{aligned}
\gamma^*(\mathbb{G}_m^n) &= -(-1)^n \int_0^1 \left(f(1-x) - (-1)^n\right)\frac{dx}{1-x} \\
&= \int_0^1 \frac{x^n-1}{x-1}dx \\
&= H_n
\end{aligned}$$

とわかる．ただし，

52 第 2 章 絶対ゼータ関数入門

$$\int_0^1 \frac{x^n-1}{x-1}dx = \int_0^1 (1+x+\cdots+x^{n-1})dx$$

$$= \left[x+\frac{x^2}{2}+\cdots+\frac{x^n}{n}\right]_0^1$$

$$= 1+\frac{1}{2}+\cdots+\frac{1}{n}$$

$$= H_n$$

を用いている．したがって，等式

$$\sum_{k=1}^{n} \frac{(-1)^{k+1}\binom{n}{k}}{k} = H_n$$

もわかる．また，$n \to \infty$ のとき

$$H_n = \log n + \gamma + O\!\left(\frac{1}{n}\right)$$

は良く知られている通りである．

（2） $f(x) = x^n + x^{n-1} + \cdots + 1 = \dfrac{x^{n+1}-1}{x-1}$

に対して

$$\zeta_{\mathbb{P}^n/\mathbb{F}_1}(s) = \zeta_f(s) = \frac{1}{s(s-1)\cdots(s-n)}$$

であるから

$$\gamma^*(\mathbb{P}^n) = \gamma^*(f)$$

$$= -\int_0^1 (f(x)-1)\frac{dx}{x}$$

$$= -\int_0^1 (1+x+\cdots+x^{n-1})dx$$

$$= -H_n$$

とわかる． [証明終]

ここで，$\zeta_{\mathbb{G}_m/\mathbb{F}_1}(s)$ と $\zeta(s) = \zeta_{\mathbb{Z}}(s)$ との類似を思い起こしておくことは意味のあることである．代表的な類似点は 4 つである．

（1） 関数等式が $s \leftrightarrow 1-s$ となっている：

$$\zeta_{\mathrm{G}_m/\mathbb{F}_1}(1-s) = \zeta_{\mathrm{G}_m/\mathbb{F}_1}(s)^{-1},$$

$$\zeta(1-s) = \zeta(s)2(2\pi)^{-s}\Gamma(s)\cos\left(\frac{\pi s}{2}\right).$$

なお，後者は，リーマン（1859 年）によって完備ゼータ関数

$$\widehat{\zeta}(s) = \zeta(s)\pi^{-\frac{s}{2}}\Gamma\left(\frac{s}{2}\right)$$

に対する関数等式

$$\widehat{\zeta}(1-s) = \widehat{\zeta}(s)$$

と同値であることがわかっている．

（2） $s \to 1$ で 1 位の極をもち留数も 1 であり，極限公式も成立する：

$$\lim_{s \to 1}\left(\zeta_{\mathrm{G}_m/\mathbb{F}_1}(s) - \frac{1}{s-1}\right) = \lim_{s \to 1}\left(\frac{\zeta'_{\mathrm{G}_m/\mathbb{F}_1}(s)}{\zeta_{\mathrm{G}_m/\mathbb{F}_1}(s)} + \frac{1}{s-1}\right) = 1 = H_1,$$

$$\lim_{s \to 1}\left(\zeta(s) - \frac{1}{s-1}\right) = \lim_{s \to 1}\left(\frac{\zeta'(s)}{\zeta(s)} + \frac{1}{s-1}\right) = \gamma.$$

$$\left[\lim_{s \to 1}\left(\widehat{\zeta}(s) - \frac{1}{s-1}\right) = \lim_{s \to 1}\left(\frac{\widehat{\zeta}'(s)}{\zeta(s)} + \frac{1}{s-1}\right) = \frac{\gamma}{2} - \frac{\log \pi}{2} - \log 2.\right]$$

（3） $s = 2$ での特殊値表示がある：

$$\zeta_{\mathrm{G}_m/\mathbb{F}_1}(2) = 2,$$

$$\zeta(2) = \frac{\pi^2}{6}.$$

$$\left[\widehat{\zeta}(2) = \frac{\pi}{6}.\right]$$

（4） わかりやすい零点がある：

$$\zeta_{\mathrm{G}_m/\mathbb{F}_1}(0) = 0,$$

$$\zeta(-2) = 0.$$

2.7 多重ガンマ関数と多重三角関数

絶対保型形式

$$f(x) = \frac{1}{(1-x^{-\omega_1})\cdots(1-x^{-\omega_r})}$$

（はじめは $\omega_1, \cdots, \omega_r > 0$ としておく）から作られる絶対ゼータ関数 $\zeta_f(s)$ は多重

54　第 2 章　絶対ゼータ関数入門

ガンマ関数
$$\Gamma_r\big(s,\underline{\omega}\big) = \Gamma_r(s,(\omega_1,\cdots,\omega_r))$$
であり，$\mathbb{C}$ 上の有理型関数である．これを多重ガンマ関数の定義にしても良い．

なお，絶対保型性は
$$f\left(\frac{1}{x}\right) = (-1)^r x^{-|\underline{\omega}|} f(x),$$
$$\big|\underline{\omega}\big| = \omega_1 + \cdots + \omega_r$$
であり，
$$Z_f(w,s) = \frac{1}{\Gamma(w)} \int_1^\infty \frac{x^{-s-1}(\log x)^{w-1}}{(1-x^{-\omega_1})\cdots(1-x^{-\omega_r})} dx$$
は多重フルビッツ・ゼータ関数
$$\zeta_r\big(w,s,\underline{\omega}\big) = \sum_{n_1,\cdots,n_r \geqq 0} (n_1\omega_1 + \cdots + n_r\omega_r + s)^{-w}$$
である．

さらに，多重三角関数を
$$S_r\big(s,\underline{\omega}\big) = \Gamma_r\big(s,\underline{\omega}\big)^{-1} \Gamma_r\big(\big|\underline{\omega}\big| - s, \underline{\omega}\big)^{(-1)^r}$$
と定義する．これも，$\mathbb{C}$ 上の有理型関数である．多重ガンマ関数と多重三角関数の精密な一般論は

　　黒川信重『現代三角関数論』岩波書店，2013 年

を熟読されたい．

古典的な例として，$r = 1$ の場合のみを書いておこう：
$$\Gamma_1(s,\omega) = \frac{\Gamma\left(\dfrac{s}{\omega}\right)}{\sqrt{2\pi}} \omega^{\frac{s}{\omega} - \frac{1}{2}},$$
$$S_1(s,\omega) = 2\sin\left(\frac{\pi s}{\omega}\right).$$

2.8　一般化

絶対保型形式はいろいろと一般化できるが，次の形にしておけば当面は充分であろう．

定理 $\omega_1, \cdots, \omega_r > 0$ に対して，絶対保型形式

$$f(x) \in \frac{1}{(1-x^{-\omega_1})\cdots(1-x^{-\omega_r})}\mathbb{Z}[x]$$

を考える．このとき，次が成立する．

（1） $\zeta_f(s)$ は $\mathbb{C}$ 上の有理型関数であり，多重ガンマ関数で書ける．

（2） 絶対イプシロン関数を

$$\varepsilon_f(s) = \frac{\zeta_{f^*}(-s)}{\zeta_f(s)}$$

と定める．ここで，

$$f^*(x) = f\left(\frac{1}{x}\right).$$

すると，$\varepsilon_f(s)$ は $\mathbb{C}$ 上の有理型関数であり，多重三角関数で書ける．

証明 　　$f(x) = \dfrac{g(x)}{(1-x^{-\omega_1})\cdots(1-x^{-\omega_r})}$,

$$g(x) = \sum_k a(k)x^k$$

とする．

（1）
$$\begin{aligned}
Z_f(w, s) &= \frac{1}{\Gamma(w)}\int_1^\infty \frac{g(x)x^{-s-1}(\log x)^{w-1}}{(1-x^{-\omega_1})\cdots(1-x^{-\omega_r})}dx\\
&= \sum_k a(k)\frac{1}{\Gamma(w)}\int_1^\infty \frac{x^{-(s-k)-1}(\log x)^{w-1}}{(1-x^{-\omega_1})\cdots(1-x^{-\omega_r})}dx\\
&= \sum_k a(k)\zeta_r(w, s-k, (\omega_1, \cdots, \omega_r))
\end{aligned}$$

より

$$\begin{aligned}
\zeta_f(s) &= \exp\left(\sum_k a(k)\frac{\partial}{\partial w}\zeta_r\big(w, s-k, \underline{\omega}\big)\Big|_{w=0}\right)\\
&= \prod_k \Gamma_r\big(s-k, \underline{\omega}\big)^{a(k)}
\end{aligned}$$

となる．よって，$\zeta_f(s)$ は $\mathbb{C}$ 上の有理型関数である．

（2） $f^*(x) = \dfrac{g^*(x)}{(1-x^{\omega_1})\cdots(1-x^{\omega_r})}$

$$= \frac{\sum\limits_{k} a(k) x^{-k}}{(1-x^{\omega_1})\cdots(1-x^{\omega_r})}$$

$$= (-1)^r x^{-|\underline{\omega}|} \frac{\sum\limits_{k} a(k) x^{-k}}{(1-x^{-\omega_1})\cdots(1-x^{-\omega_r})}$$

となるので，（1）の計算と全く同じく

$$\zeta_{f^*}(s) = \prod_k \Gamma_r\big(s+|\underline{\omega}|+k, \underline{\omega}\big)^{(-1)^r a(k)}$$

を得る．よって

$$\varepsilon_f(s) = \prod_k \left(\frac{\Gamma_r\big(-s+|\underline{\omega}|+k, \underline{\omega}\big)^{(-1)^r}}{\Gamma_r\big(s-k, \underline{\omega}\big)} \right)^{a(k)}$$

$$= \prod_k S_r\big(s-k, \underline{\omega}\big)^{a(k)}$$

となる．これは $\mathbb{C}$ 上の有理型関数である． [証明終]

このように一般化しておくと，ハッセ・ゼータ関数のガンマ因子やセルバーグ・ゼータ関数のガンマ因子を絶対ゼータ関数 $\zeta_f(s)$ として捉えることができる．とくに，$n \geqq 2$ のとき $GL(n)$ のハッセ・ゼータ関数のガンマ因子が有理関数になること（『ゼータへの招待』第5章参照）などが，一般化された形で証明される：

　　黒川信重『リーマンの夢』現代数学社，2017年

の第6章と第7章を読まれたい．

さらに，『現代三角関数論』にある通り，従来は多重三角関数には素朴版と正規化版があった．その統一も絶対ゼータ関数論の観点から成されることについては，付録Eを見られたい．

第3章

オイラーの絶対ゼータ関数論

　最近までは，「オイラーのゼータ関数論」としては第1章で取り上げたもので充分であった．それは，『オイラー全集』Ⅰ-14巻，Ⅰ-15巻が主であり，例外はmod 4の素数分布を扱った『オイラー全集』Ⅰ-4巻の論文があるのみであることは第1章で解説した通りである．

　ところが，21世紀も今日まで進んでくると，オイラーに新たなるゼータ関数研究が発見された．その最初の報告を発見者として行ったことは名誉なことである：

　　黒川信重「オイラーのゼータ関数論」『現代数学』2017年4月号～2018年3月号．

　その新たなゼータ関数研究とは「絶対ゼータ関数論」であり，論文は『オイラー全集』Ⅰ-17巻，Ⅰ-18巻にある．絶対ゼータ関数論は21世紀の数学と言われている『絶対数学』の一環であり，第2章で説明した通りである．

　本章では，第2章の視点からオイラーの絶対ゼータ関数論を見る．

3.1　オイラーの絶対ゼータ関数論文

　オイラーは1774年10月～1776年8月（67歳～69歳）のいくつかの論文において絶対ゼータ関数の研究を行った．その中から年代順に3つの論文を取り上げる：

（1）　E464（1774年10月10日付）

　　　　『オイラー全集』Ⅰ-17巻，421-457

（2）　E629（1776年2月29日付）

　　　　『オイラー全集』Ⅰ-18巻，318-334

（3）　E500（1776年8月19日付）

58   第3章　オイラーの絶対ゼータ関数論

『オイラー全集』 Ⅰ-18巻，51-68.

ここで，E464 等はオイラーの論文番号であり，（1），（2），（3）のタイトル等の詳しい情報は，それぞれ3.2節，3.3節，3.4節を見られたい．

オイラーは基本的に $f(1) = 0$ となる有理関数 $f(x)$ に対して定積分

$$S_a(f) = \int_0^1 \frac{f(x)}{\log x} x^{a-1} dx$$

を計算している．それを絶対ゼータ関数論から見ると，次の簡明な定理が鍵となる．

> ●**定理**　$f^*(x) = f\left(\dfrac{1}{x}\right)$ とおくと，
> $$S_a(f) = -\log \zeta_{f^*}(a).$$

●**証明**　$\displaystyle S_a(f) = \int_0^1 \frac{f(x)}{\log x} x^{a-1} dx$

$$= \int_1^\infty \frac{f\left(\dfrac{1}{x}\right)}{\log\left(\dfrac{1}{x}\right)} x^{-a-1} dx$$

$$= -\int_1^\infty \frac{f^*(x)}{\log x} x^{-a-1} dx$$

$$= -\log \zeta_{f^*}(a).$$

ここで，

$$Z_{f^*}(w, a) = \frac{1}{\Gamma(w)} \int_1^\infty f^*(x) x^{-a-1} (\log x)^{w-1} dx$$

に対して，$f^*(1) = 0$ となることから

$$\log \zeta_{f^*}(a) = \frac{\partial}{\partial w} Z_{f^*}(w, a)\Big|_{w=0}$$

$$= \int_1^\infty \frac{f^*(x)}{\log x} x^{-a-1} dx$$

となることを用いている．　　　　　　　　　　　　　　　　　　　［証明終］

これで，オイラーの絶対ゼータ関数の世界を探検する準備ができた．

3.2 基本定理

オイラーの絶対ゼータ関数研究の最初の論文

"Nova methodus quantitates integrales determinandi"［積分を定量的に決定する新方法］Novi Commentarii Academiaes Scientiarum Petropolitanae **19**（1774）66-102（E464，1774 年 10 月 10 日付，67 歳，全集 I -17，421-457）

を紹介する．ここでは，明快な例と有用な基本定理が得られている．まずは，現代的に内容を書いておこう．

［§ 5］

$$\int_0^1 \frac{x-1}{\log x} dx = \log 2.$$

［§ 6］

$$\int_0^1 \frac{x^m - x^n}{\log x} dx = \log\left(\frac{m+1}{n+1}\right).$$

［§ 27］

● **基本定理　多項式**
$$f(x) = \sum_k a(k) x^k \in \mathbb{Z}[x]$$

が $f(1) = 0$ をみたすならば
$$\int_0^1 \frac{f(x)}{\log x} dx = \sum_k a(k) \log(k+1).$$

［§ 29］

60　第3章　オイラーの絶対ゼータ関数論

$$\int_0^1 \frac{(x-1)^n}{\log x}dx = \sum_{k=0}^{n}(-1)^{n-k}\binom{n}{k}\log(k+1).$$

ちなみに，オイラーの原文では，どう書いているかも記しておこう．
［§5］

$$\int \frac{(z-1)dz}{\ell z} = \ell 2.$$

積分区間が「$z=0$ から $z=1$」ということは式には書き込まず文章で説明している．$\ell z = \log z$ などは自然対数．
［§6］

$$\int \frac{(z^m-z^n)dz}{\ell z} = \ell \frac{m+1}{n+1}.$$

［§27］

● **THEOREMA**　［定理］
$$P = Az^{\alpha}+Bz^{\beta}+Cz^{\gamma}+Dz^{\delta}+\text{etc.}$$
が
$$A+B+C+D+\text{etc.} = 0$$
をみたすならば
$$\int \frac{Pdz}{\ell z} = A\ell(\alpha+1)+B\ell(\beta+1)+C\ell(\gamma+1)+D\ell(\delta+1)+\text{etc.}$$

［§29］

$$\int \frac{(z-1)^n dz}{\ell z} = \ell(n+1)-\frac{n}{2}\ell n+\frac{n(n-1)}{1\cdot 2}\ell(n-1)$$

$$-\frac{n(n-1)(n-2)}{1\cdot2\cdot3}\ell(n-2)$$

$$+\frac{n(n-1)(n-2)(n-3)}{1\cdot2\cdot3\cdot4}\ell(n-3)-\text{etc.}$$

さて，§27 の基本定理などを 3.1 節の方針で示そう．いま

$$f(x) = \sum_k a(k)x^k$$

とすると

$$f^*(x) = f\left(\frac{1}{x}\right) = \sum_k a(k)x^{-k}$$

である．よって，第 2 章 2.2 節から

$$\zeta_{f^*}(s) = \prod_k (s+k)^{-a(k)}$$

となる．したがって，3.1 節の定理より

$$\int_0^1 \frac{f(x)}{\log x}dx = S_1(f)$$

$$= -\log \zeta_{f^*}(1)$$
$$= -\log\left(\prod_k (1+k)^{-a(k)}\right)$$
$$= \log\left(\prod_k (k+1)^{a(k)}\right)$$
$$= \sum_k a(k)\log(k+1).$$

これさえできれば，

$$f(x) = x-1$$

として§5 の

$$\int_0^1 \frac{x-1}{\log x}dx = \log 2 - \log 1 = \log 2,$$

$$f(x) = x^m - x^n$$

として§6 の

$$\int_0^1 \frac{x^m - x^n}{\log x}dx = \log(m+1) - \log(n+1) = \log\left(\frac{m+1}{n+1}\right),$$

$$f(x) = (x-1)^n = \sum_{k=0}^n (-1)^{n-k}\binom{n}{k}x^k$$

として§29 の

$$\int_0^1 \frac{(x-1)^n}{\log x} dx = \sum_{k=0}^n (-1)^{n-k} \binom{n}{k} \log(k+1)$$

が，次々と得られる．

なお，§5 の結果——それがオイラーの絶対ゼータ関数研究の起点となった——をオイラーは2通りに証明しているので紹介しておこう．第1の方法は

$$x-1 = e^{\log x} - 1$$

$$= \sum_{n=1}^\infty \frac{(\log x)^n}{n!}$$

という展開から

$$\int_0^1 \frac{x-1}{\log x} dx = \int_0^1 \left(\sum_{n=1}^\infty \frac{(\log x)^{n-1}}{n!} \right) dx$$

$$= \sum_{n=1}^\infty \frac{1}{n!} \int_0^1 (\log x)^{n-1} dx$$

$$= \sum_{n=1}^\infty \frac{1}{n!} (-1)^{n-1} (n-1)!$$

$$= \sum_{n=1}^\infty \frac{(-1)^{n-1}}{n}$$

$$= \log 2$$

とするものである．ここで，積分

$$\int_0^1 (\log x)^{n-1} dx = (-1)^{n-1} (n-1)!$$

はガンマ関数の公式（もちろん，オイラーの示したもの）である．

第2の方法は

$$\log x = \lim_{n \to \infty} \frac{x^{\frac{1}{n}} - 1}{\frac{1}{n}}$$

$$= \lim_{n \to \infty} n \left(x^{\frac{1}{n}} - 1 \right)$$

を使うことによって

$$\int_0^1 \frac{x-1}{\log x} dx = \lim_{n \to \infty} \int_0^1 \frac{x-1}{n \left(x^{\frac{1}{n}} - 1 \right)} dx$$

からはじめる．ここで，$x = u^n$ とおきかえると

$$\int_0^1 \frac{x-1}{n\left(x^{\frac{1}{n}}-1\right)}dx = \int_0^1 \frac{u^n-1}{u-1}u^{n-1}du$$

$$= \int_0^1 (u^{n-1}+u^n+\cdots+u^{2n-2})du$$

$$= \left[\frac{u^n}{n}+\frac{u^{n+1}}{n+1}+\cdots+\frac{u^{2n-1}}{2n-1}\right]_0^1$$

$$= \frac{1}{n}+\frac{1}{n+1}+\cdots+\frac{1}{2n-1}$$

$$= \sum_{k=0}^{n-1}\frac{1}{n+k}$$

となり，

$$\int_0^1 \frac{x-1}{\log x}dx = \lim_{n\to\infty}\sum_{k=0}^{n-1}\frac{1}{n+k}$$

$$= \lim_{n\to\infty}\frac{1}{n}\sum_{k=0}^{n-1}\frac{1}{1+\frac{k}{n}}$$

$$= \int_0^1 \frac{dt}{1+t}$$

$$= \log 2$$

と求まる．もちろん，これは $\zeta_{\mathbb{G}_{m/\mathbb{F}_1}}(2) = 2$ を意味する（2.3 節，2.6 節）．

オイラーは，いろいろな工夫をこらして計算しているので楽しい．ここでは，すべてを紹介する余裕はないので先に進もう．オイラーのいくつかの計算については付録 B を見られたい．

3.3　オイラー定数の絶対ゼータ関数表示

オイラーの絶対ゼータ関数研究は前節で解説した 1774 年 10 月の論文からはじまったのであるが，1776 年には円熟期を迎えている．それを，この 3.3 節と次の 3.4 節で紹介する．

この節で取り上げるのは論文

"Evolutio formulae integralis

64 第3章 オイラーの絶対ゼータ関数論

$$\int \partial x \left(\frac{1}{1-x} + \frac{1}{\ell x} \right)$$

a termino $x = 0$ usque ad $x = 1$ extensae" [積分 $\int_0^1 \left(\frac{1}{1-x} + \frac{1}{\log x} \right) dx$

の展開公式] Novi Acta Academiae Scientiarum Petropolitanae **4** (1786)
3-16 (E629, 1776年2月29日付, 68歳, 全集 I -18, 318-334)

であり, オイラー定数を絶対ゼータ関数によって表示するという驚嘆すべき結果
を証明している. それは, 現代的に書くと, 次の通りである.
[§5]

オイラー定数は

$$\gamma = \int_0^1 \left(\frac{1}{1-x} + \frac{1}{\log x} \right) dx$$

$$= \int_0^1 \frac{\log x + 1 - x}{(1-x) \log x} dx$$

$$= \int_0^1 \frac{\log(1-(1-x)) + 1 - x}{(1-x) \log x} dx$$

$$= \int_0^1 \frac{-\sum_{n=1}^{\infty} \frac{1}{n}(1-x)^n + 1 - x}{(1-x) \log x} dx$$

$$= \int_0^1 \frac{-\sum_{n=2}^{\infty} \frac{1}{n}(1-x)^n}{(1-x) \log x} dx$$

$$= -\sum_{n=2}^{\infty} \frac{1}{n} \int_0^1 \frac{(1-x)^{n-1}}{\log x} dx$$

となる. ここで,

$$\int_0^1 \frac{(1-x)^{n-1}}{\log x} dx = \log \left(\prod_{k=1}^{n} k^{(-1)^{k-1} \binom{n-1}{k-1}} \right)$$

である.

[§6]

3.3 オイラー定数の絶対ゼータ関数表示　65

> オイラー定数は
> $$\gamma = \sum_{n=2}^{\infty} \frac{1}{n} \log\left(\prod_{k=1}^{n} k^{(-1)^k \binom{n-1}{k-1}} \right)$$
> と表示される.

ちなみに，原文では，どう書いてあるかも抜き出して書いておこう.
［§5］

> $$y = \frac{1}{1-x} + \frac{1}{\ell x} = \frac{\ell x + 1 - x}{(1-x)\,\ell x}$$
> において，$x = 1 - (1-x)$ を用いての展開
> $$\ell x = -(1-x) - \frac{1}{2}(1-x)^2 - \frac{1}{3}(1-x)^3 - \frac{1}{4}(1-x)^4 - \text{etc.}$$
> を使うと
> $$y = \frac{-\frac{1}{2}(1-x)^2 - \frac{1}{3}(1-x)^3 - \frac{1}{4}(1-x)^4 - \text{etc.}}{(1-x)\,\ell x}$$
> すなわち
> $$y = \frac{-\frac{1}{2}(1-x) - \frac{1}{3}(1-x)^2 - \frac{1}{4}(1-x)^3 - \text{etc.}}{\ell x}$$
> となるので，［オイラー定数は］
> $$\int y\,\partial x = -\frac{1}{2}\int \frac{(1-x)\,\partial x}{\ell x} - \frac{1}{3}\int \frac{(1-x)^2\,\partial x}{\ell x}$$
> $$\qquad\qquad - \frac{1}{4}\int \frac{(1-x)^3\,\partial x}{\ell x} - \text{etc.}$$
> となる. ここで
> $$\int \frac{x^m - x^n}{\ell x}\,\partial x = \ell\,\frac{m+1}{n+1}$$
> を用いて計算すると

66　第3章　オイラーの絶対ゼータ関数論

$$\int \frac{(1-x)\partial x}{\ell x} = \ell \frac{1}{2}$$

となり，

$$(1-x)^2 = 1-x-(x-xx)$$

に注意すると

$$\int \frac{(1-x)^2 \partial x}{\ell x} = \ell \frac{1}{2} - \ell \frac{2}{3} = \ell \frac{1 \cdot 3}{2^2}$$

を得る．同様にして

$$\int \frac{(1-x)^3 \partial x}{\ell x} = \ell \frac{1 \cdot 3^3}{2^3 \cdot 4},$$

$$\int \frac{(1-x)^4 \partial x}{\ell x} = \ell \frac{1 \cdot 3^6 \cdot 5}{2^4 \cdot 4^4},$$

$$\int \frac{(1-x)^5 \partial x}{\ell x} = \ell \frac{1 \cdot 3^{10} \cdot 5^5}{2^5 \cdot 4^{10} \cdot 6},$$

$$\int \frac{(1-x)^6 \partial x}{\ell x} = \ell \frac{1 \cdot 3^{15} \cdot 5^{15} \cdot 7}{2^6 \cdot 4^{20} \cdot 6^6}$$

etc.

である．

［§6］

　［オイラー定数は］

$$\int y \partial x = \frac{1}{2} \ell 2 + \frac{1}{3} \ell \frac{2^2}{1 \cdot 3} + \frac{1}{4} \ell \frac{2^3 \cdot 4}{1 \cdot 3^3}$$

$$+ \frac{1}{5} \ell \frac{2^4 \cdot 4^4}{1 \cdot 3^6 \cdot 5} + \frac{1}{6} \ell \frac{2^5 \cdot 4^{10} \cdot 6}{1 \cdot 3^{10} \cdot 5^5}$$

$$+ \frac{1}{7} \ell \frac{2^6 \cdot 4^{20} \cdot 6^6}{1 \cdot 3^{15} \cdot 5^{15} \cdot 7} + \text{etc.}$$

となる．

　オイラーの計算は時代を超越していて，§6の結論は

$$\gamma = \sum_{n=2}^{\infty} \frac{1}{n} \log \zeta_{\mathrm{G}_m^{n-1}/\mathrm{F}_1}(n)$$

に他ならない．実際，第 2 章 2.3 節より

$$\zeta_{\mathrm{G}_m^{n-1}/\mathrm{F}_1}(s) = \prod_{k=0}^{n-1} (s-k)^{(-1)^{n-k}\binom{n-1}{k}}$$

$$= \prod_{k=1}^{n} (s-k+1)^{(-1)^{n-k+1}\binom{n-1}{k-1}}$$

となっているので，

$$\zeta_{\mathrm{G}_m^{n-1}/\mathrm{F}_1}(n) = \prod_{k=1}^{n} (n-k+1)^{(-1)^{n-k+1}\binom{n-1}{k-1}}$$

$$= \prod_{k=1}^{n} k^{(-1)^{k}\binom{n-1}{k-1}}$$

となる．ただし，最後のところでは k を $n+1-k$ におきかえている．

　このように，オイラーが何を見ていたかを捉えなければ，数式を眺めているだけでは何も本質はわからないのである．事実，私が 2017 年にオイラーの計算を「絶対ゼータ関数の計算である」と見抜くまでは，誰もが「単なる定積分の計算」と眺めていたのである．

　なお，オイラー定数の表示

$$\gamma = \sum_{n=2}^{\infty} \frac{(-1)^{n}}{n} \zeta(n)$$

をオイラーが 26 歳の 1734 年 3 月 11 日付の論文 E43 にて得ていたことは第 1 章 1.1 節において証明付で説明した通りである．それから 42 年経って，今回の論文でオイラーが証明した．

$$\gamma = \sum_{n=2}^{\infty} \frac{1}{n} \log \zeta_{\mathrm{G}_m^{n-1}/\mathrm{F}_1}(n)$$

はとても良く似た形をしていることに注目していただきたい．ともに，$\zeta(n)$ および $\zeta_{\mathrm{G}_m^{n-1}/\mathrm{F}_1}(n)$ という $s=n$ におけるゼータ関数の特殊値を $n = 2, 3, 4, \cdots$ と用いている．ここにも見られる通り，オイラーの研究の驚くべき特徴は数十年という長期間にわたる数学への息の長い献身である．

　ところで，今回の論文でオイラーが出発点とした表示

$$\gamma = \int_0^1 \left(\frac{1}{1-x} + \frac{1}{\log x} \right) dx$$

68　第3章　オイラーの絶対ゼータ関数論

を示すには，次のようにすればよい（論文の§9，§10）：

$$\int_0^1 \left(\frac{1}{1-x}+\frac{1}{\log x}\right)dx = \int_0^1 \frac{\log x+(1-x)}{(1-x)\log x}dx$$

$$= \int_0^1 \frac{\log x+1-\sum\limits_{n=0}^{\infty}\frac{(\log x)^n}{n!}}{(1-x)\log x}dx$$

$$= \int_0^1 \frac{-\sum\limits_{n=2}^{\infty}\frac{(\log x)^n}{n!}}{(1-x)\log x}dx$$

$$= -\sum_{n=2}^{\infty}\frac{1}{n!}\int_0^1 \frac{(\log x)^{n-1}}{1-x}dx$$

$$= -\sum_{n=2}^{\infty}\frac{1}{n!}(-1)^{n-1}(n-1)!\,\zeta(n)$$

$$= \sum_{n=2}^{\infty}\frac{(-1)^n}{n}\zeta(n).$$

ここで，$\zeta(s)$ のオイラーによる積分表示（1768年8月18日付，61歳；第1章
1.5節）

$$\frac{1}{\Gamma(s)}\int_0^1 \frac{\left(\log\frac{1}{x}\right)^{s-1}}{1-x}dx = \zeta(s) \qquad (\mathrm{Re}(s)>1)$$

を $s=n\geqq 2$ に対して用いている．

　オイラー定数を絶対ゼータ関数の特殊値によって表示したオイラーの結果は，
さまざまに拡張することができる．私の定理を一つだけ紹介しておこう．これは，
オイラーの結果を1次版とする系列（1次，2次，3次，…）に属するもののう
ちの2次版である［証明は付録Cを見られたい］．

●定理（オイラー定数の新表示）

$$\gamma = -1+2\sum_{n=2}^{\infty}\frac{H_n}{n+1}\log\zeta_{\mathrm{G}_m^{n-1}/\mathrm{F}_1}(n).$$

ここで，

$$H_n = 1 + \frac{1}{2} + \cdots + \frac{1}{n}$$

$$= \int_0^1 \frac{1 - x^n}{1 - x} dx$$

は調和数であって，オイラーが論文 E20（1731 年 3 月 5 日付，23 歳，全集 I -14，25-41）で研究を開始したものである．オイラー定数を最初に扱った論文 E43（1734 年 3 月 11 日付；第 1 章 1.1 節）は論文 E20 からの研究発展である．

3.4　円分絶対ゼータ関数

1776 年 8 月 19 日付のオイラーの論文

"De valore formulae integralis
$$\int \frac{x^{a-1}dx}{\ell x} \cdot \frac{(1-x^b)(1-x^c)}{1-x^n}$$

a termino $x = 0$ usque ad $x = 1$ extensae" ［積分 $\int_0^1 \frac{x^{a-1}(1-x^b)(1-x^c)}{(1-x^n)\log x} dx$ の値について］Acta Academiae Scientiarum Petropolitanae 1777: II (1780)，29-47（E500，1776 年 8 月 19 日付，69 歳，全集 I -18，51-68）

を紹介しよう．

これは円分絶対ゼータ関数論を展開したものである．中心となる結果は，現代的な記法で書くと次の通りである：
［§ 10］

$$\int_0^1 \frac{x^{a-1}(1-x^b)(1-x^c)}{(1-x^n)\log x} dx = \log\left(\frac{\Gamma\left(\frac{a+b}{n}\right)\Gamma\left(\frac{a+c}{n}\right)}{\Gamma\left(\frac{a}{n}\right)\Gamma\left(\frac{a+b+c}{n}\right)} \right).$$

［a, b, c, n については自然数と考えておこう．］

オイラーの原文では，§ 2 で

70 第3章 オイラーの絶対ゼータ関数論

$$S = \int \frac{x^{a-1}dx}{\ell x} \cdot \frac{(1-x^b)(1-x^c)}{1-x^n} \qquad \begin{bmatrix} x = 0 \text{ から} \\ x = 1 \text{ まで} \end{bmatrix}$$

と定義したあと，§10において

$$S = \ell O,$$

$$O = \frac{a(a+b+c)}{(a+b)(a+c)} \cdot \frac{(a+n)(a+b+c+n)}{(a+b+n)(a+c+n)} \cdot \frac{(a+2n)(a+b+c+2n)}{(a+b+2n)(a+c+2n)}$$

$$\cdot \frac{(a+3n)(a+b+c+3n)}{(a+b+3n)(a+c+3n)} \cdot \text{etc.}$$

と求めている．

まず，オイラーの結論が

$$\prod_{k=0}^{\infty} \frac{(a+nk)(a+b+c+nk)}{(a+b+nk)(a+c+nk)} = \frac{\Gamma\left(\frac{a+b}{n}\right)\Gamma\left(\frac{a+c}{n}\right)}{\Gamma\left(\frac{a}{n}\right)\Gamma\left(\frac{a+b+c}{n}\right)}$$

と書けることを見ておこう．そのためにはガンマ関数の表示

$$\frac{1}{\Gamma(x)} = x \exp(\gamma x) \prod_{k=1}^{\infty} \left(1+\frac{x}{k}\right) \exp\left(-\frac{x}{k}\right)$$

を

$$x = \frac{a}{n}, \frac{a+b+c}{n}, \frac{a+b}{n}, \frac{a+c}{n}$$

に用いて

$$\frac{1}{\Gamma\left(\frac{a}{n}\right)} = \frac{a}{n} \exp\left(\frac{\gamma a}{n}\right) \prod_{k=1}^{\infty} \left(1+\frac{a}{nk}\right) \exp\left(-\frac{a}{nk}\right),$$

$$\frac{1}{\Gamma\left(\frac{a+b+c}{n}\right)} = \frac{a+b+c}{n} \exp\left(\gamma\frac{a+b+c}{n}\right) \prod_{k=1}^{\infty} \left(1+\frac{a+b+c}{nk}\right) \exp\left(-\frac{a+b+c}{nk}\right),$$

$$\Gamma\left(\frac{a+b}{n}\right) = \frac{n}{a+b} \exp\left(-\gamma\frac{a+b}{n}\right) \prod_{k=1}^{\infty} \left(1+\frac{a+b}{nk}\right)^{-1} \exp\left(\frac{a+b}{nk}\right),$$

$$\Gamma\left(\frac{a+c}{n}\right) = \frac{n}{a+c}\exp\left(-\gamma\frac{a+c}{n}\right)\prod_{k=1}^{\infty}\left(1+\frac{a+c}{nk}\right)^{-1}\exp\left(\frac{a+c}{nk}\right)$$

とした上で 4 つを掛けると

$$\frac{\Gamma\left(\frac{a+b}{n}\right)\Gamma\left(\frac{a+c}{n}\right)}{\Gamma\left(\frac{a}{n}\right)\Gamma\left(\frac{a+b+c}{n}\right)} = \frac{a(a+b+c)}{(a+b)(a+c)}\prod_{k=1}^{\infty}\frac{\left(1+\frac{a}{nk}\right)\left(1+\frac{a+b+c}{nk}\right)}{\left(1+\frac{a+b}{nk}\right)\left(1+\frac{a+c}{nk}\right)}$$

$$= \frac{a(a+b+c)}{(a+b)(a+c)}\prod_{k=1}^{\infty}\frac{(a+nk)(a+b+c+nk)}{(a+b+nk)(a+c+nk)}$$

$$= \prod_{k=0}^{\infty}\frac{(a+nk)(a+b+c+nk)}{(a+b+nk)(a+c+nk)}$$

とすれば良い.

さて，ここまでオイラーの絶対ゼータ関数論が進化してくると（わずか 2 年弱の間である），21 世紀の絶対ゼータ関数論もぽやぽやしてはいられないので，3.1 節の定理を用いてオイラーに対決しよう．それには

$$f(x) = \frac{(1-x^b)(1-x^c)}{1-x^n}$$

とおいて

$$S_a(f) = \int_0^1 \frac{f(x)}{\log x}x^{a-1}dx$$

$$= \int_0^1 \frac{(1-x^b)(1-x^c)x^{a-1}}{(1-x^n)\log x}dx$$

$$= -\log\zeta_{f^*}(a)$$

を求めればよい．ここで，

$$f^*(x) = f\left(\frac{1}{x}\right)$$

$$= \frac{(1-x^{-b})(1-x^{-c})}{1-x^{-n}}$$

$$= \frac{1}{1-x^{-n}} - \frac{x^{-b}}{1-x^{-n}} - \frac{x^{-c}}{1-x^{-n}} + \frac{x^{-b-c}}{1-x^{-n}}$$

であるから

$$Z_{f^*}(w,s) = \zeta_1(w,s,(n)) - \zeta_1(w,s+b,(n))$$
$$- \zeta_1(w,s+c,(n)) + \zeta_1(w,s+b+c,(n))$$

72　第3章　オイラーの絶対ゼータ関数論

となる．ただし，

$$\zeta_1(w, s, (n)) = \sum_{k=0}^{\infty} (nk+s)^{-w}$$

$$= n^{-w} \sum_{k=0}^{\infty} \left(k + \frac{s}{n}\right)^{-w}$$

$$= n^{-w} \zeta\left(w, \frac{s}{n}\right)$$

である．よって，

$$\frac{\partial}{\partial w}\zeta_1(w, s, (n))\bigg|_{w=0} = \frac{\partial}{\partial w}\zeta\left(w, \frac{s}{n}\right)\bigg|_{w=0} - \zeta\left(0, \frac{s}{n}\right)\log n$$

において

$$\frac{\partial}{\partial w}\zeta\left(w, \frac{s}{n}\right)\bigg|_{w=0} = \log\left(\frac{\Gamma\left(\frac{s}{n}\right)}{\sqrt{2\pi}}\right),$$

$$\zeta\left(0, \frac{s}{n}\right) = \frac{1}{2} - \frac{s}{n}$$

を用いて

$$\exp\left(\frac{\partial}{\partial w}\zeta_1(w, s, (n))\bigg|_{w=0}\right) = \frac{\Gamma\left(\frac{s}{n}\right)}{\sqrt{2\pi}} n^{\frac{s}{n} - \frac{1}{2}}$$

となる．全く同じく，

$$\exp\left(-\frac{\partial}{\partial w}\zeta_1(w, s+b, (n))\bigg|_{w=0}\right) = \frac{\sqrt{2\pi}}{\Gamma\left(\frac{s+b}{n}\right)} n^{\frac{1}{2} - \frac{s+b}{n}},$$

$$\exp\left(-\frac{\partial}{\partial w}\zeta_1(w, s+c, (n))\bigg|_{w=0}\right) = \frac{\sqrt{2\pi}}{\Gamma\left(\frac{s+c}{n}\right)} n^{\frac{1}{2} - \frac{s+c}{n}},$$

$$\exp\left(\frac{\partial}{\partial w}\zeta_1(w, s+b+c, (n))\bigg|_{w=0}\right) = \frac{\Gamma\left(\frac{s+b+c}{n}\right)}{\sqrt{2\pi}} n^{\frac{s+b+c}{n} - \frac{1}{2}}$$

となるので，4つを掛けることにより

$$\zeta_{f^*}(s) = \exp\left(\frac{\partial}{\partial w}Z_{f^*}(w, s)\bigg|_{w=0}\right)$$

$$= \frac{\Gamma\left(\dfrac{s}{n}\right)\Gamma\left(\dfrac{s+b+c}{n}\right)}{\Gamma\left(\dfrac{s+b}{n}\right)\Gamma\left(\dfrac{s+c}{n}\right)}$$

を得る.

よって,

$$S_a(f) = -\log \zeta_{f^*}(a)$$

$$= \log\left(\frac{\Gamma\left(\dfrac{a+b}{n}\right)\Gamma\left(\dfrac{a+c}{n}\right)}{\Gamma\left(\dfrac{a}{n}\right)\Gamma\left(\dfrac{a+b+c}{n}\right)}\right)$$

である. このように何度でも何度でも計算してくると, やっとオイラーの式の意味がわかってくるのである.

このオイラーの研究は円分絶対保型形式

$$f(x) = \frac{(x^{m(1)}-1)\cdots(x^{m(a)}-1)}{(x^{n(1)}-1)\cdots(x^{n(b)}-1)}$$

に対する絶対ゼータ関数論に発展させることができる. 詳細については,

　　黒川信重『絶対数学原論』現代数学社, 2016 年

の定理 10.1 を読まれたい. なお, 同書は『現代数学』2015 年 4 月号〜2016 年 3 月号の連載記事の単行本化であり, オイラーの絶対数学研究が認識される前のものである.

3.5　オイラーの絶対ゼータ関数論の予言

オイラーの絶対ゼータ関数論は, まだまだ語り尽せないが紙数の関係もあるので, ここでまとめの意味で予言の論文

　　"Speculationes analyticae"［解析的予言］

　　Novi Commentarii Academiae Scientiarum Petropolitanae **20**（1775）, 59-79

　　（E475, 1774 年 12 月 8 日付, 67 歳, 全集 I -18, 1-22）

を簡単に紹介する.

74   第3章　オイラーの絶対ゼータ関数論

　　それは,

［§1］

> ● **定理1**
>
> $$\int_0^1 \frac{\sin(\alpha \log x)}{\log x} dx = \arctan(\alpha).$$

からはじまって,

［§8］

> ● **定理4**
>
> $$\int_0^1 \frac{\sin(\alpha \log x)}{\log x} x^{a-1} dx = \arctan\left(\frac{\alpha}{a}\right).$$

などの結果を複素数を自由に使って研究しためくるめく論文である.

　　定理を見るには,

$$\sin(\alpha \log x) = \frac{x^{i\alpha} - x^{-i\alpha}}{2i}$$

から

$$\begin{aligned}
\int_0^1 \frac{\sin(\alpha \log x)}{\log x} x^{a-1} dx &= \frac{1}{2i} \int_0^1 \frac{x^{i\alpha} - x^{-i\alpha}}{\log x} x^{a-1} dx \\
&= \frac{1}{2i} \int_0^1 \frac{x^{a+i\alpha-1} - x^{a-i\alpha-1}}{\log x} dx \\
&= \frac{1}{2i} \log\left(\frac{a+i\alpha}{a-i\alpha}\right) \\
&= \frac{1}{2i} \log\left(\frac{1+i\frac{\alpha}{a}}{1-i\frac{\alpha}{a}}\right) \\
&= \arctan\left(\frac{\alpha}{a}\right)
\end{aligned}$$

とするのである.

3.5 オイラーの絶対ゼータ関数論の予言　75

21 世紀の絶対ゼータ関数論としては
$$f(x) = \sin(\alpha \log x)$$
を取り,
$$f^*(x) = f\left(\frac{1}{x}\right) = -\sin(\alpha \log x)$$
より
$$\int_0^1 \frac{\sin(\alpha \log x)}{\log x} x^{a-1} dx = S_a(f)$$
$$= -\log \zeta_{f^*}(a)$$
とすればよい. ただし,
$$\zeta_{f^*}(a) = \exp\left(-\arctan\left(\frac{\alpha}{a}\right)\right)$$
である.

一つだけ簡単な例をあげると, 定理 1 で $\alpha = 1$ とした場合 (すなわち, 定理 4 で $\alpha = a = 1$ とした場合) である:
$$\int_0^1 \frac{\sin(\log x)}{\log x} dx = \frac{\pi}{4}.$$
オイラーは, その直接的な証明も与えている:
$$\int_0^1 \frac{\sin(\log x)}{\log x} dx = \int_0^1 \frac{\sum\limits_{n=0}^{\infty} \frac{(-1)^n (\log x)^{2n+1}}{(2n+1)!}}{\log x} dx$$
$$= \int_0^1 \sum_{n=0}^{\infty} \frac{(-1)^n (\log x)^{2n}}{(2n+1)!} dx$$
$$= \sum_{n=0}^{\infty} \frac{(-1)^n}{(2n+1)!} \int_0^1 (\log x)^{2n} dx$$
$$= \sum_{n=0}^{\infty} \frac{(-1)^n}{(2n+1)!} (2n)!$$
$$= \sum_{n=0}^{\infty} \frac{(-1)^n}{2n+1}$$
$$= \frac{\pi}{4}.$$
最後の等式はマーダヴァの結果である (1400 年頃, 0.4 節参照).

76　第3章　オイラーの絶対ゼータ関数論

　もちろん，オイラーの論文は「Speculationes analyticae」（解析的考察，解析的予言）と題されているだけあって，未来への予言をたくさん含んでいて，オイラーから未来への挑戦状となっている．我々はオイラーをあまりに固定観念で捉えてきたようである．これから，オイラーの逆襲がはじまる．

　オイラーの論文を読んでいると上記の論文のみでなく65歳（1772年）以降のものに一段と迫力を感ずる．それは，オイラーが心眼にて数学の未来を見ていたからに違いない．

　私は，2017年4月に，ちょうど70歳を迎えたアラン・コンヌ教授の祝賀研究集会（上海・復旦大学）に招待され絶対ゼータ関数論について講演するという機会に恵まれた．その際に「オイラーが1774年10月〜1776年8月に絶対ゼータ関数研究を行っていた」との発表をしたのであるが，コンヌ教授をはじめカルティエ教授・ラフォルグ教授…にとても驚かれたものである．まさに，オイラー恐るべし，である．

第4章
リーマンのゼータ関数論

リーマン（1826年9月17日-1866年7月20日）はオイラーの約百年後にゼータ関数論を再興した．その中心となるものは1859年11月（リーマンは33歳）に発表された短い論文が一編のみである．オイラーと異なる点は$\zeta(s)$を複素解析関数として解析接続を行ったところにある．その上で関数等式と素数公式を証明した．さらに，その後のゼータ関数論を支配するようになる**リーマン予想**を提出したのである．

4.1 リーマンの論文

リーマンは1859年11月の論文

"Ueber die Anzahl der Primzahlen unter einer gegebenen Grösse" ［与えられた大きさ以下の素数の個数について］ベルリン学士院月報，1859年11月

において$\zeta(s)$の研究報告を行った．これは10ページに満たない要旨を述べたものであり，リーマンは33歳であった．研究の詳細については発表準備を行っていたものと思われるが，残念ながらリーマンは7年弱後の1866年7月に39歳の若さで亡くなってしまい，それは叶わなかった．

4.2 解析接続と関数等式

リーマンは$\zeta(s)$の解析接続に対して2つの方法を論文において示した．第1の方法は積分表示

$$\zeta(s) = \frac{1}{\Gamma(s)} \int_0^\infty \frac{t^{s-1}}{e^t - 1} dt \qquad (\mathrm{Re}(s) > 1)$$

から出発する方法である．これは第1章1.5節で見た通り，1768年にオイラーが得ていた積分表示

$$\zeta(s) = \frac{1}{\Gamma(s)} \int_0^1 \frac{\left(\log\frac{1}{x}\right)^{s-1}}{1-x} dx$$

に他ならない（リーマンは，そのことについて述べていないのであるが，詳細版では触れる予定があったのであろう）．実際，オイラーの積分表示において，$x = e^{-t}$ とおきかえることにより直ちに

$$\zeta(s) = \frac{1}{\Gamma(s)} \int_0^\infty \frac{t^{s-1}}{e^t-1} dt$$

を得る．ちなみに「$\zeta(s)$」という記号もリーマンが使いはじめたものである（ただし，オイラーは 1772 年に「Z」という記号をゼータ関数に対して用いていた：第 1 章 1.6 節）．

　リーマンは上記の積分表示から $\zeta(s)$ にすべての複素数 s への解析接続を与え，オイラーの関数等式（第 1 章 1.4 節）

$$\zeta(1-s) = \zeta(s) 2(2\pi)^{-s} \Gamma(s) \cos\left(\frac{\pi s}{2}\right)$$

を証明した．積分表示からどのようにすべての複素数へ解析接続を行うかについては『ゼータへの招待』第 3 章 3.1 節に詳述した通りである．そこでは，とくに

$$\zeta(1-n) = (-1)^{n-1}\frac{B_n}{n} \qquad (n = 1, 2, 3, \cdots)$$

という特殊値表示も導いておいた．ここで，B_n はベルヌイ数である：

$$\sum_{n=0}^\infty \frac{B_n}{n!} x^n = \frac{x}{e^x-1}$$

であり，$B_0 = 1$, $B_1 = -\frac{1}{2}$, $B_2 = \frac{1}{6}$, $B_3 = 0$, $B_4 = -\frac{1}{30}$, $B_5 = 0$, $B_6 = \frac{1}{42}$, $B_7 = 0, \cdots$. こうして，オイラーが求めていた値 $\zeta(1-n)$ が確定する：

$$\zeta(0) = -\frac{1}{2},$$

$$\zeta(-1) = -\frac{1}{12},$$

$$\zeta(-2) = 0,$$

$$\zeta(-3) = \frac{1}{120},$$

$$\zeta(-4) = 0,$$

$$\zeta(-5) = -\frac{1}{252},$$

$$\zeta(-6) = 0$$

$$\cdots.$$

続いて，リーマンは第2の解析接続法を示す．それは，積分表示

$$\widehat{\zeta}(s) = \int_0^\infty \frac{\vartheta(ix)-1}{2} x^{\frac{s}{2}} \frac{dx}{x} \qquad (\mathrm{Re}(s) > 1)$$

からはじまる．ここで，

$$\widehat{\zeta}(s) = \zeta(s) \pi^{-\frac{s}{2}} \Gamma\left(\frac{s}{2}\right)$$

$$= \zeta(s) \Gamma_{\mathbb{R}}(s)$$

は完備ゼータ関数であり，

$$\vartheta(z) = \sum_{m=-\infty}^{\infty} e^{\pi i m^2 z} \qquad (\mathrm{Im}(z) > 0)$$

はテータ関数（重さ $\frac{1}{2}$ の保型形式）である．リーマンは，この積分表示から $\widehat{\zeta}(s)$ の解析接続と関数等式

$$\widehat{\zeta}(1-s) = \widehat{\zeta}(s)$$

を証明したのである．リーマンが何故この完備ゼータ関数を扱うに至ったのかは，オイラーの関数等式

$$\zeta(1-s) = \zeta(s) 2(2\pi)^{-s} \Gamma(s) \cos\left(\frac{\pi s}{2}\right)$$

$$= \zeta(s) \Gamma_{\mathbb{C}}(s) \cos\left(\frac{\pi s}{2}\right)$$

が

$$\widehat{\zeta}(1-s) = \widehat{\zeta}(s)$$

と同値であることを見抜いたからである．すなわち等式

$$2(2\pi)^{-s} \Gamma(s) \cos\left(\frac{\pi s}{2}\right) = \frac{\pi^{-\frac{s}{2}} \Gamma\left(\frac{s}{2}\right)}{\pi^{-\frac{1-s}{2}} \Gamma\left(\frac{1-s}{2}\right)}$$

80   第4章　リーマンのゼータ関数論

に気付いたのである．これは

$$\Gamma_{\mathbb{C}}(s)\cos\left(\frac{\pi s}{2}\right) = \frac{\Gamma_{\mathbb{R}}(s)}{\Gamma_{\mathbb{R}}(1-s)}$$

と書き直すことができるが，ガンマ関数の2倍角の公式

$$\Gamma_{\mathbb{C}}(s) = \Gamma_{\mathbb{R}}(s)\Gamma_{\mathbb{R}}(s+1)$$

とガンマ関数と三角関数の関係式

$$\Gamma_{\mathbb{R}}(s+1)\Gamma_{\mathbb{R}}(1-s) = \frac{1}{\cos\left(\dfrac{\pi s}{2}\right)}$$

とから成り立つことがわかる．

　第2の積分表示からの解析接続と関数等式の証明は簡単なので解説しておこう．それには

$$\hat{\xi}(s) = \int_0^\infty \frac{\vartheta(ix)-1}{2} x^{\frac{s}{2}} \frac{dx}{x} \qquad (\mathrm{Re}(s) > 1)$$

を示すことからはじめる：

$$\int_0^\infty \frac{\vartheta(ix)-1}{2} x^{\frac{s}{2}} \frac{dx}{x} = \int_0^\infty \left(\sum_{n=1}^\infty e^{-\pi n^2 x}\right) x^{\frac{s}{2}} \frac{dx}{x}$$

$$= \sum_{n=1}^\infty \int_0^\infty e^{-\pi n^2 x} x^{\frac{s}{2}} \frac{dx}{x}$$

$$= \sum_{n=1}^\infty (\pi n^2)^{-\frac{s}{2}} \Gamma\left(\frac{s}{2}\right)$$

$$= \pi^{-\frac{s}{2}} \Gamma\left(\frac{s}{2}\right) \zeta(s)$$

$$= \hat{\xi}(s).$$

次に

$$\hat{\xi}(s) = \int_1^\infty \frac{\vartheta(ix)-1}{2} x^{\frac{s}{2}} \frac{dx}{x} + \int_0^1 \frac{\vartheta(ix)-1}{2} x^{\frac{s}{2}} \frac{dx}{x}$$

$$= \int_1^\infty \frac{\vartheta(ix)-1}{2} x^{\frac{s}{2}} \frac{dx}{x} + \int_0^\infty \frac{\vartheta\left(i\dfrac{1}{x}\right)-1}{2} x^{-\frac{s}{2}} \frac{dx}{x}$$

とした上で，$\vartheta(ix)$ の保型性（第2章の言葉では絶対保型性）

$$\vartheta\left(i\frac{1}{x}\right) = x^{\frac{1}{2}}\vartheta(ix)$$

を用いると，

$$\widehat{\zeta}(s) = \int_1^\infty \frac{\vartheta(ix)-1}{2} x^{\frac{s}{2}} \frac{dx}{x} + \int_1^\infty \frac{x^{\frac{1}{2}}\vartheta(ix)-1}{2} x^{-\frac{s}{2}} \frac{dx}{x}$$

$$= \int_1^\infty \frac{\vartheta(ix)-1}{2} x^{\frac{s}{2}} \frac{dx}{x} + \int_1^\infty \frac{x^{\frac{1}{2}}(\vartheta(ix)-1)}{2} x^{-\frac{s}{2}} \frac{dx}{x} + \int_1^\infty \frac{x^{\frac{1-s}{2}} - x^{-\frac{s}{2}}}{2} \frac{dx}{x}$$

$$= \int_1^\infty \frac{\vartheta(ix)-1}{2} \Big(x^{\frac{s}{2}} + x^{\frac{1-s}{2}} \Big) \frac{dx}{x} + \frac{1}{s(s-1)}$$

となって，すべての複素数 s への解析接続と関数等式が一挙に得られるということになる．

なお，第 2 の方法から特殊値表示

$$\zeta(1-n) = (-1)^{n-1} \frac{B_n}{n} \qquad (n = 1, 2, 3, \cdots)$$

を導くことは難しい（あるいは，不可能）．解析接続の一意性からどんな解析接続法からでも $\zeta(s)$ の値そのものは同一になっているのであるが，各表示の段階では得手不得手があるのである．このことは，問題ごとに適切な解析接続法を考察することが大切であることを示している．つまり，$\zeta(s)$ は解析接続が一度できたらそれで良い，というものでは全くないのである．

4.3 素数公式

リーマンの主目的は論文タイトルからわかるように，$x > 1$ に対して x 以下の素数の個数 $\pi(x)$ に対する公式を求めることであった．結論は次の通りである：

●定理

$$\pi(x) = \sum_{m=1}^\infty \frac{\mu(m)}{m} \Big(\mathrm{Li}\big(x^{\frac{1}{m}}\big) - \sum_{\zeta(\rho)=0} \mathrm{Li}\big(x^{\frac{\rho}{m}}\big) + \int_{x^{\frac{1}{m}}}^\infty \frac{du}{(u^2-1)u \log u} - \log 2 \Big).$$

この公式においては，$\pi(x)$ は

$$\pi(x) = \frac{\pi(x+0) + \pi(x-0)}{2}$$

が成立するようにしておく．つまり，素数のところでは 1 増えるのではなく $\frac{1}{2}$ 増

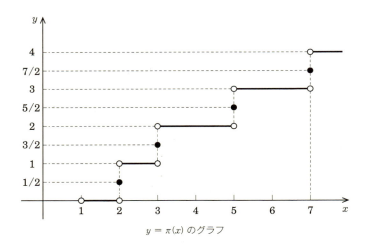

$y = \pi(x)$ のグラフ

えるとする.

さらに, $\mu(m)$ はメビウス関数

$$\mu(m) = \begin{cases} +1 & \cdots m \text{ は相異なる偶数個の素数の積または} 1 \\ -1 & \cdots m \text{ は相異なる奇数個の素数の積} \\ 0 & \cdots \text{その他} \end{cases}$$

であり,

$$\mathrm{Li}(x) = \int_0^x \frac{du}{\log u}$$
$$= \lim_{\substack{\varepsilon \to 0 \\ (\varepsilon > 0)}} \left(\int_0^{1-\varepsilon} \frac{du}{\log u} + \int_{1+\varepsilon}^x \frac{du}{\log u} \right)$$

は対数積分である.

一番重要な項は $\hat{\zeta}(s)$ の零点 ρ にわたる和である. これは $\zeta(s)$ の虚の零点と言い換えることができて, その実部 $\mathrm{Re}(\rho)$ は

$$0 \leq \mathrm{Re}(\rho) \leq 1$$

となることが簡単にわかる (リーマンの発表後 37 年経って $0 < \mathrm{Re}(\rho) < 1$ および素数定理の証明が 1896 年にド・ラ・ヴァレ・プーサンとアダマールによって成されたが, 現在に至るまで, その不等式を

$$0.000000001 < \mathrm{Re}(\rho) < 0.999999999$$

などに改良することはできていない：リーマンの夢 $\mathrm{Re}\,(\rho) = \dfrac{1}{2}$ は向うにある）．

いずれにせよ，

$$\pi(x) \text{ は } \widehat{\zeta}(s) \text{ の零点全体がわかれば求まる}$$

という明確な公式をリーマンは得たわけである．

リーマンの計算方法をスケッチしておこう．リーマンは

$$f(x) = \sum_{p^m \le x} \frac{1}{m}$$

が重要であることを見抜いて，積分表示

$$\frac{\log \zeta(s)}{s} = \int_1^\infty f(x) x^{-s-1} dx$$

からはじめる．それには，オイラー積（第 1 章 1.3 節）

$$\zeta(s) = \prod_{p:\text{素数}} (1 - p^{-s})^{-1}$$

から

$$\begin{aligned}
\log \zeta(s) &= \sum_{m=1}^\infty \sum_{p:\text{素数}} \frac{1}{m} p^{-ms} \\
&= \sum_{m=1}^\infty \sum_{p:\text{素数}} s \int_{p^m}^\infty x^{-s-1} dx \\
&= s \int_1^\infty f(x) x^{-s-1} dx
\end{aligned}$$

とすればよい．

これをフーリエ変換することにより，$a > 1$ に対して

$$f(x) = \frac{1}{2\pi i} \int_{a-i\infty}^{a+i\infty} \frac{\log \zeta(s)}{s} x^s \, ds$$

を得る．さらに，$\widehat{\zeta}(s)$ の分解

$$\widehat{\zeta}(s) = \frac{1}{s(s-1)} \prod_{\mathrm{Im}(\rho)>0} \left(1 - \frac{s(1-s)}{\rho(1-\rho)}\right)$$

からの表示

$$\zeta(s) = \frac{1}{\Gamma_{\mathbb{R}}(s) s(s-1)} \prod_{\mathrm{Im}(\rho)>0} \left(1 - \frac{s(1-s)}{\rho(1-\rho)}\right)$$

84 第4章 リーマンのゼータ関数論

を用いることによって積分計算の結果

$$f(x) = \frac{1}{2\pi i} \int_{a-i\infty}^{a+i\infty} \frac{\log \zeta(s)}{s} x^s ds$$

$$= \mathrm{Li}(x) - \sum_{\zeta(\rho)=0} \mathrm{Li}(x^\rho) + \int_x^\infty \frac{du}{(u^2-1)u\log u} - \log 2$$

となる．ここで，

$$\begin{cases} \text{第1項は } \zeta(s) \text{ の } s=1 \text{ という1位の極,} \\ \text{第2項は } \zeta(s) \text{ の } s=\rho \text{ という虚の零点,} \\ \text{第3項は } \zeta(s) \text{ の } s=-2,-4,-6\cdots \text{ という実の零点} \end{cases}$$

からそれぞれ来ている．すなわち，ここには $\zeta(s)$ の極と零点がすべて現れている．

さて，上の $f(x)$ の公式が本質的なものであって，あとはやさしい．つまり，

$$f(x) = \sum_{m=1}^\infty \frac{1}{m} \pi\left(x^{\frac{1}{m}}\right)$$

であることから，メビウス逆変換により

$$\pi(x) = \sum_{m=1}^\infty \frac{\mu(m)}{m} f\left(x^{\frac{1}{m}}\right)$$

とすることにより，定理に述べた $\pi(x)$ の公式「リーマンの素数公式」が得られることになる．

リーマンの素数公式は

$$\sum_{p:\text{素数}} M(p) = \sum_{\rho:\text{零点}} W(\rho)$$

という「明示公式（explicit formula）」の一環である．今の場合は

$$M(p) = \begin{cases} 1 & \cdots\ p \leqq x, \\ 0 & \cdots\ p > x \end{cases}$$

とおけば良い．

4.4 リーマン予想

リーマンは，$\pi(x)$ を求めるには $\hat{\zeta}(s)$ の零点 ρ 全体を求めれば良いという点に到達したのであり，当然，ρ を求めることに専念したのであるが，その詳細は論文には触れられていない．書かれているのは有名な

● リーマン予想　$\mathrm{Re}(\rho) = \dfrac{1}{2}$.

である．

　しかし，1932 年にゲッティンゲン大学教授のジーゲルが驚くべき発見を報告
した．それは，リーマンが所属していたゲッティンゲン大学に伝わっていたリー
マンの計算メモを調査した結果であって，そこには次の 3 つのことが書かれてい
た：

　（1）　リーマンは ρ の数値計算を行っていて，虚部が正で小さい方から $\rho_1, \rho_2,$
$\rho_3, \cdots$ と名付けたとき

$$\rho_1 = \frac{1}{2} + i \cdot 14.1386,$$

$$\rho_3 = \frac{1}{2} + i \cdot 25.31$$

などを計算（手計算）していた．

　（2）　リーマンは

$$\begin{aligned}
\sum_{\rho} \frac{1}{\rho} &= \sum_{n=1}^{\infty} \left(\frac{1}{\rho_n} + \frac{1}{1-\rho_n} \right) \\
&= \sum_{n=1}^{\infty} \frac{1}{\rho_n(1-\rho_n)} \\
&= 1 + \frac{\gamma}{2} - \frac{\log \pi}{2} - \log 2 \\
&= 0.023095708966612103381
\end{aligned}$$

と計算（手計算）していた．

　（3）　リーマンは $\zeta(s)$ の第 3 の積分表示と解析接続法を得ていて，それを用
いて零点の計算（手計算）を行っていた．

　このうち（1）はリーマンがリーマン予想を如何に深く探求していたかを明白
にしている．それは（2）（3）にも現れている通りである．ちなみに，（1）の
数値は現在求められている値（コンピュータを使用するが方法はリーマンの方法

のままである；それは，リーマンの計算メモから発見して再現した功績も入れて「リーマン-ジーゲル公式」と今日では呼ばれている）

$$\rho_1 = \frac{1}{2} + i \cdot 14.1347251417346937\cdots,$$

$$\rho_3 = \frac{1}{2} + i \cdot 25.0185758014568876\cdots$$

と見較べても，その正確さに驚かされる．

なお，（2）において

$$\sum_{n=1}^{\infty}\left(\frac{1}{\rho_n(1-\rho_n)}\right) = \lim_{s\to 1}\left(\frac{\widehat{\zeta}'(s)}{\widehat{\zeta}(s)} + \frac{1}{s-1}\right) + 1$$

$$= \lim_{s\to 1}\left(\widehat{\zeta}(s) - \frac{1}{s-1}\right) + 1$$

となっている（第2章2.6節参照）．それを直接見るには

$$\widehat{\zeta}(s) = \frac{1}{s(s-1)}\prod_{n=1}^{\infty}\left(1 - \frac{s(1-s)}{\rho_n(1-\rho_n)}\right)$$

を対数微分して

$$\frac{\widehat{\zeta}'(s)}{\widehat{\zeta}(s)} = -\left(\frac{1}{s} + \frac{1}{s-1}\right) + \sum_{n=1}^{\infty}\frac{1-2s}{s(1-s)-\rho_n(1-\rho_n)}$$

より

$$\frac{\widehat{\zeta}'(s)}{\widehat{\zeta}(s)} + \frac{1}{s-1} = -\frac{1}{s} + \sum_{n=1}^{\infty}\frac{1-2s}{s(1-s)-\rho_n(1-\rho_n)}$$

としておけば

$$\lim_{s\to 1}\left(\frac{\widehat{\zeta}'(s)}{\widehat{\zeta}(s)} + \frac{1}{s-1}\right) = -1 + \sum_{n=1}^{\infty}\frac{1}{\rho_n(1-\rho_n)}$$

となることからわかる．

ちなみに，リーマンの計算メモを調査したジーゲルの報告は現在では『リーマン全集』に収録されているのであるが，ジーゲルはリーマン遺稿の計算を追跡した感想として「リーマンの解析的力が如何に深く強いものかを思い知った」という趣旨のことを書き記している．これは，20世紀を代表する大数学者ジーゲルの発言であり，リーマンが長生きをしてくれていたら…という思いを一層強くす

4.5 ゼータ正規化積 87

る.

リーマン自身によるリーマン予想の研究がどのくらいの深さまで到達していた
のかは不明であるが，たとえば

$$\text{リーマン予想} \iff \pi(x) = \text{Li}(x) + O\left(x^{\frac{1}{2}} \log x\right)$$

というコッホの結果（1901 年）などは，リーマンの手中にあったのであろう．
そして，1896 年にド・ラ・ヴァレ・プーサンとアダマールによって独立に証明
されることになる

● **素数定理** $\pi(x) \sim \dfrac{x}{\log x}$.

も知っていたであろう．

いずれにせよ，リーマンの求めたかったものには ρ の実部だけでなく虚部も
入っていたことを改めて強調しておこう．その意味で，零点の実部のみを見る
「リーマン予想」は，重要な予想であるものの「究極の予想」や「究極の問題」
ではない．

4.5 ゼータ正規化積

前節で述べた通り，リーマンは極限公式

$$\lim_{s \to 1}\left(\frac{\widehat{\zeta}'(s)}{\widehat{\zeta}(s)} + \frac{1}{s-1}\right) = \sum_{n=1}^{\infty} \frac{1}{\rho_n(1-\rho_n)} - 1$$

$$= \frac{\gamma}{2} - \frac{\log \pi}{2} - \log 2$$

を知っていた．ここで，関数等式により

$$\frac{\widehat{\zeta}'(s)}{\widehat{\zeta}(s)} = -\frac{\widehat{\zeta}'(1-s)}{\widehat{\zeta}(1-s)}$$

であるから

$$\lim_{s \to 0}\left(\frac{\widehat{\zeta}'(s)}{\widehat{\zeta}(s)} + \frac{1}{s}\right) = \lim_{s \to 0}\left(-\frac{\widehat{\zeta}'(1-s)}{\widehat{\zeta}(1-s)} + \frac{1}{s}\right)$$

$$= \lim_{s \to 1}\left(-\frac{\widehat{\zeta}'(s)}{\widehat{\zeta}(s)} + \frac{1}{1-s}\right)$$

$$= -\frac{\gamma}{2} + \frac{\log \pi}{2} + \log 2$$

となる. さらに,

$$\widehat{\zeta}(s) = \zeta(s)\pi^{-\frac{s}{2}}\Gamma\left(\frac{s}{2}\right)$$

より

$$\frac{\widehat{\zeta}'(s)}{\widehat{\zeta}(s)} = \frac{\zeta'(s)}{\zeta(s)} - \frac{\log \pi}{2} + \frac{1}{2}\frac{\Gamma'}{\Gamma}\left(\frac{s}{2}\right)$$

を用いると

$$\lim_{s \to 0}\left(\frac{\zeta'(s)}{\zeta(s)} + \frac{1}{2}\frac{\Gamma'}{\Gamma}\left(\frac{s}{2}\right) + \frac{1}{s}\right) = -\frac{\gamma}{2} + \log \pi + \log 2$$

となる. ところで

$$\frac{1}{2}\frac{\Gamma'}{\Gamma}\left(\frac{s}{2}\right) + \frac{1}{s} = \frac{1}{2}\frac{\Gamma'}{\Gamma}\left(\frac{s}{2} + 1\right)$$

であるから

$$\lim_{s \to 0}\left(\frac{1}{2}\frac{\Gamma'}{\Gamma}\left(\frac{s}{2}\right) + \frac{1}{s}\right) = \frac{1}{2}\frac{\Gamma'}{\Gamma}(1) = -\frac{\gamma}{2}$$

がわかり, したがって

$$\lim_{s \to 0}\left(\frac{\zeta'(s)}{\zeta(s)}\right) = \log(2\pi),$$

すなわち

$$\zeta'(0) = \zeta(0)\log(2\pi)$$

$$= -\frac{1}{2}\log(2\pi)$$

となる. これは, ゼータ正規化積

$$\prod_{n=1}^{\infty} n = \exp\left(-\zeta'(0)\right)$$

$$= \sqrt{2\pi}$$

のはじまりであった.

この「ゼータ正規化積」という主題は,オイラーが考察していたことであったが,リーマンに至って明確になった.一般には,

$$\zeta_A(s) = \sum_{\lambda \in A} \lambda^{-s}$$

としたとき

$$\prod_{\lambda} \lambda = \exp\left(-\zeta_A'(0)\right)$$

としてゼータ正規化積が構成される.

付言しておくと,公式

$$\prod_{n=1}^{\infty} n = \sqrt{2\pi}$$

はスターリングの公式

$$\lim_{n \to \infty} \frac{n!}{n^{n+\frac{1}{2}} e^{-n}} = \sqrt{2\pi}$$

とも同値である:

黒川信重『リーマンと数論』共立出版,2016年(第6章).

4.6 素数密度

リーマンの論文では最後に素数密度に触れられている.素数密度は重要な研究テーマであり,オイラーの研究に関連して1.3節でも触れた.それは,4.3節の $f(x)$ を用いて,やや形式的に書けば

$$f'(x) = \frac{1}{\log x} - \sum_{\rho} \frac{x^{\rho-1}}{\log x} - \frac{1}{(x^2-1)x\log x}$$

の研究だったと推測される.リーマンは

$$\rho = \frac{1}{2} \pm i\alpha \qquad (\alpha > 0)$$

と書いて(リーマン予想は仮定している)

$$f'(x) = \frac{1}{\log x} - 2\sum_{\alpha} \frac{\cos(\alpha \log x) x^{-\frac{1}{2}}}{\log x} + \cdots$$

90 第4章 リーマンのゼータ関数論

と記している.

この先については書かれていないが,正規化した密度関数

$$f_0(x) = f'(x) \log x$$

$$= x - \sum_\rho x^\rho - \frac{1}{x^2-1}$$

および

$$f_1(x) = f'(x) \log x + \frac{x^2}{x^2-1}$$

$$= f_0(x) + \frac{x^2}{x^2-1}$$

$$= x - \sum_\rho x^\rho + 1$$

も考察の対象には入ったであろう.

この $f_1(x)$ は,第2章の絶対保型形式の観点からは,形式的に

$$f_1\left(\frac{1}{x}\right) = x^{-1} f_1(x)$$

をみたすものであり,さらに対応する絶対ゼータ関数は

$$\zeta_{f_1}(s) = \hat{\zeta}(s)$$

と理解することができる.

第3章で見た通りオイラーのゼータ関数研究は絶対ゼータ関数の視点から見直す必要があったのだが,リーマンのゼータ関数研究も絶対ゼータ関数論からの眺望が待たれる.

4.7 保型性の変換

リーマンによるゼータ関数の関数等式の証明において特徴的なことは,積分によって保型性を関数等式へ変換するという視点である.ここでは,リーマンの第2の積分表示の考え方を簡単な保型形式に対して見ておこう.

それは,モジュラー群

$$SL(2, \mathbb{Z}) = \left\{ \begin{pmatrix} a & b \\ c & d \end{pmatrix} \middle| a, b, c, d \in \mathbb{Z}, \; ad - bc = 1 \right\}$$

に対する重さ k の保型形式 $f(z)$ に対するゼータ関数の場合である.このときは,

$f(z)$ は

$$f(z) = a(0) + \sum_{n=1}^{\infty} a(n)e^{2\pi inz} \qquad (\mathrm{Im}(z) > 0)$$

というフーリエ展開を持ち，重さ k の保型性

$$f\left(\frac{az+b}{cz+d}\right) = (cz+d)^k f(z)$$

をすべての $\begin{pmatrix} a & b \\ c & d \end{pmatrix} \in SL(2,\mathbb{Z})$ に対してみたしている．k は 2 以上の偶数として

おく．

　実は，$SL(2,\mathbb{Z})$ は

$$\begin{pmatrix} 1 & 1 \\ 0 & 1 \end{pmatrix}, \qquad \begin{pmatrix} 0 & -1 \\ 1 & 0 \end{pmatrix}$$

という 2 元で生成されていることが知られている：証明等については

　　黒川信重・栗原将人・斎藤毅『数論 II』岩波書店，2005 年

の第 9 章を見られたい．すると，保型性は，その生成元に対しての条件

$$\begin{cases} f(z+1) = f(z), \\ f\left(-\dfrac{1}{z}\right) = z^k f(z) \end{cases}$$

と同値となる．このうち，前者はフーリエ展開から従うので，実質的な条件は

$$f\left(-\frac{1}{z}\right) = z^k f(z)$$

のみである．

　さて，上のような

$$f(z) = a(0) + \sum_{n=1}^{\infty} a(n)e^{2\pi inz}$$

に対してゼータ関数は

$$Z(s,f) = \sum_{n=1}^{\infty} a(n)n^{-s}$$

と定められる．はじめに $a(0) = 0$ の場合を考えよう．このとき，次の定理が成
り立つ．

92　第4章　リーマンのゼータ関数論

> ●**定理**　$a(0) = 0$とする.
>
> （1）　$Z(s, f)$はすべての複素数$s \in \mathbb{C}$に対して正則関数として解析接続できる.
>
> （2）　完備ゼータ関数
> $$\hat{Z}(s, f) = \Gamma_{\mathbb{C}}(s) Z(s, f)$$
> $$= 2(2\pi)^{-s} \Gamma(s) Z(s, f)$$
> は関数等式
> $$\hat{Z}(k-s, f) = (-1)^{\frac{k}{2}} \hat{Z}(s, f)$$
> をみたす.

これは，リーマンの第2の積分表示からの関数等式
$$\hat{\xi}(1-s) = \hat{\xi}(s)$$
の証明よりはむしろ易しい. というのは，リーマンの場合は
$$f(z) = \vartheta(z) = 1 + 2 \sum_{n=1}^{\infty} e^{\pi i n^2 z}$$
というテータ関数のときを扱っていたので，重さは$k = \dfrac{1}{2}$であり，$a(0) \neq 0$に当たり，
$$Z(s, f) = \sum_{n=1}^{\infty} (n^2)^{-s} = \zeta(2s)$$
に対する関数等式
$$Z\left(\frac{1}{2} - s, f\right) \quad \longleftrightarrow \quad Z(s, f)$$
を実際には考えていたことになるので，解釈がやや難しかったのである.

今回の代表的な例としては，$k \geqq 12$に対しての
$$f(z) = \Delta_k(z) = \Delta(z) E_{k-12}(z)$$
がある. ここで，
$$\Delta(z) = e^{2\pi i z} \prod_{n=1}^{\infty} (1 - e^{2\pi i n z})^{24}$$
$$= \sum_{n=1}^{\infty} \tau(n) e^{2\pi i n z}$$

はラマヌジャンの保型形式と呼ばれるものであり重さ 12 である:

$\begin{pmatrix} a & b \\ c & d \end{pmatrix} \in SL(2, \mathbb{Z})$ に対して

$$\Delta\left(\frac{az+b}{cz+d}\right) = (cz+d)^{12}\Delta(z).$$

一方で,

$$E_k(z) = -\frac{B_k}{2k} + \sum_{n=1}^{\infty} \sigma_{k-1}(n) e^{2\pi inz}$$
$$= \frac{\zeta(1-k)}{2} + \sum_{n=1}^{\infty} \sigma_{k-1}(n) e^{2\pi inz}$$

はアイゼンシュタイン級数と呼ばれるものであり,偶数 $k \geqq 4$ に対しては重さ k

の保型形式となる: $\begin{pmatrix} a & b \\ c & d \end{pmatrix} \in SL(2, \mathbb{Z})$ に対して

$$E_k\left(\frac{az+b}{cz+d}\right) = (cz+d)^k E_k(z).$$

ただし,

$$\sigma_{k-1}(n) = \sum_{d|n} d^{k-1}$$

であり, B_k はベルヌイ数である.

また,記述を簡単にするために, $E_0(z) = 1$ としておく.すると,

$$\Delta_{12}(z) = \Delta(z),$$
$$\Delta_{16}(z) = \Delta(z)E_4(z),$$
$$\Delta_{18}(z) = \Delta(z)E_6(z),$$
$$\Delta_{20}(z) = \Delta(z)E_8(z)$$

などとなる.ここで, $E_k(z)$ を具体的に書いておくと

$$E_4(z) = \frac{1}{240} + \sum_{n=1}^{\infty} \sigma_3(n) e^{2\pi inz},$$
$$E_6(z) = -\frac{1}{504} + \sum_{n=1}^{\infty} \sigma_5(n) e^{2\pi inz},$$
$$E_8(z) = \frac{1}{480} + \sum_{n=1}^{\infty} \sigma_7(n) e^{2\pi inz},$$
$$E_{10}(z) = -\frac{1}{264} + \sum_{n=1}^{\infty} \sigma_9(n) e^{2\pi inz},$$

$$E_{12}(z) = \frac{691}{65520} + \sum_{n=1}^{\infty} \sigma_{11}(n) e^{2\pi i n z},$$

$$E_{14}(z) = -\frac{1}{24} + \sum_{n=1}^{\infty} \sigma_{13}(n) e^{2\pi i n z},$$

$$E_{16}(z) = \frac{3617}{16320} + \sum_{n=1}^{\infty} \sigma_{15}(n) e^{2\pi i n z},$$

$$E_{18}(z) = -\frac{43867}{28728} + \sum_{n=1}^{\infty} \sigma_{17}(n) e^{2\pi i n z}$$

などとなる.

●定理の証明

積分変換

$$\int_0^\infty f(it) t^{s-1} dt = \int_0^\infty \left(\sum_{n=1}^{\infty} a(n) e^{-2\pi n t} \right) t^{s-1} dt$$

を考える. すると,

$$\int_0^\infty f(it) t^{s-1} dt = \sum_{n=1}^{\infty} a(n) \int_0^\infty e^{-2\pi n t} t^{s-1} dt$$

$$= \sum_{n=1}^{\infty} a(n) (2\pi n)^{-s} \Gamma(s)$$

$$= (2\pi)^{-s} \Gamma(s) \sum_{n=1}^{\infty} a(n) n^{-s}$$

$$= \frac{1}{2} \Gamma_{\mathbb{C}}(s) Z(s, f)$$

$$= \frac{1}{2} \hat{Z}(s, f)$$

と変形できる. ちなみに, この変形は $\mathrm{Re}\,(s) > \dfrac{k}{2}+1$ において有効である. そこでは, 評価式

$$a(n) = O\!\left(n^{\frac{k}{2}} \right)$$

が使われる:『数論Ⅱ』第9章参照［なお, 証明されているラマヌジャン予想を使えば, $\mathrm{Re}\,(s) > \dfrac{k+1}{2}$ において有効な変形であることがわかる］.

したがって,

$$\frac{1}{2}\widehat{Z}(s,f) = \int_0^\infty f(it)\,t^{s-1}dt$$

$$= \int_1^\infty f(it)\,t^s\frac{dt}{t} + \int_0^1 f(it)\,t^s\frac{dt}{t}$$

$$= \int_1^\infty f(it)\,t^s\frac{dt}{t} + \int_1^\infty f\left(i\frac{1}{t}\right)t^{-s}\frac{dt}{t}$$

となるが, 保型性

$$f\left(-\frac{1}{z}\right) = z^k f(z)$$

において $z = it$ $(t > 0)$ として得られる等式

$$f\left(i\frac{1}{t}\right) = (-1)^{\frac{k}{2}}t^k f(it)$$

を用いると

$$\frac{1}{2}\widehat{Z}(s,f) = \int_1^\infty f(it)\,t^s\frac{dt}{t} + \int_1^\infty (-1)^{\frac{k}{2}}t^k f(it)\,t^{-s}\frac{dt}{t}$$

$$= \int_1^\infty f(it)\left(t^s + (-1)^{\frac{k}{2}}t^{k-s}\right)\frac{dt}{t}$$

となる. つまり,

$$\widehat{Z}(s,f) = 2\int_1^\infty f(it)\left(t^s + (-1)^{\frac{k}{2}}t^{k-s}\right)\frac{dt}{t}$$

であり, 右辺はすべての複素数 s に対して意味を持ち, 正則関数としての解析接続を与えている. しかも, 関数等式

$$\widehat{Z}(k-s,f) = (-1)^{\frac{k}{2}}\widehat{Z}(s,f)$$

は積分表示から一目でわかる:

$$\widehat{Z}(k-s,f) = 2\int_1^\infty f(it)\left(t^{k-s} + (-1)^{\frac{k}{2}}t^s\right)\frac{dt}{t}$$

$$= (-1)^{\frac{k}{2}}\,2\int_1^\infty f(it)\left(t^s + (-1)^{\frac{k}{2}}t^{k-s}\right)\frac{dt}{t}$$

$$= (-1)^{\frac{k}{2}}\widehat{Z}(s,f).$$

さらに,

$$\frac{1}{\Gamma_{\mathbb{C}}(s)} = \frac{(2\pi)^s}{2}\cdot\frac{1}{\Gamma(s)}$$

がすべての複素数 s に対して正則な関数であるので,

96   第4章　リーマンのゼータ関数論

$$Z(s, f) = \frac{1}{\Gamma_{\mathbb{C}}(s)} \widehat{Z}(s, f)$$

は正則関数とわかる.　　　　　　　　　　　　　　　　　　　　　　　［証明終］

　このように書いておくと，保型性が関数等式へと積分変換によって移って行く
のがよくわかるであろう.

　応用として，次をやってみよう.

●**問題1**　f は定理と同じとする.
（1）　$Z(0, f) = 0$ を示せ.
（2）　$k \equiv 2 \bmod 4$ のとき，$Z\left(\frac{k}{2}, f\right) = 0$ を示せ.

●**解答**

（1）　関数等式

$$\widehat{Z}(s, f) = (-1)^{\frac{k}{2}} \widehat{Z}(k-s, f)$$

より

$$Z(s, f) = \frac{(2\pi)^s}{2} \cdot \frac{1}{\Gamma(s)} \cdot (-1)^{\frac{k}{2}} \cdot \widehat{Z}(k-s, f)$$

であるが，右辺は $1/\Gamma(s)$ が $s = 0$ において1位の零点をもち，他の項は $s = 0$
において有限なので

$$Z(0, f) = 0$$

である.　さらに

$$\begin{aligned}
Z'(0, f) &= \frac{1}{2}(-1)^{\frac{k}{2}} \widehat{Z}(k, f) \\
&= \frac{1}{2}(-1)^{\frac{k}{2}} \, 2(2\pi)^{-k} \Gamma(k) Z(k, f) \\
&= (-1)^{\frac{k}{2}}(2\pi)^{-k}(k-1)! \sum_{n=1}^{\infty} a(n) n^{-k}
\end{aligned}$$

となる.

（2）　$k \equiv 2 \bmod 4$ なので，関数等式

$$\widehat{Z}(s,f) = (-1)^{\frac{k}{2}}\widehat{Z}(k-s,f)$$

は

$$\widehat{Z}(s,f) = -\widehat{Z}(k-s,f)$$

となる．したがって，$s = \dfrac{k}{2}$ として

$$\widehat{Z}\left(\frac{k}{2},f\right) = -\widehat{Z}\left(\frac{k}{2},f\right)$$

を得る．よって

$$\widehat{Z}\left(\frac{k}{2},f\right) = 0$$

である（有限値であることに注意）．したがって

$$\begin{aligned}
Z\left(\frac{k}{2},f\right) &= \frac{1}{\Gamma_{\mathbb{C}}\left(\frac{k}{2}\right)}\widehat{Z}\left(\frac{k}{2},f\right) \\
&= \frac{1}{2(2\pi)^{-\frac{k}{2}}\Gamma\left(\frac{k}{2}\right)}\widehat{Z}\left(\frac{k}{2},f\right) \\
&= 0
\end{aligned}$$

である． ［解答終］

［例］ $\Delta_{18} = \Delta E_6$ に対して

$$Z(9,\Delta_{18}) = 0.$$

次に，偶数 $k \geqq 4$ に対して

$$Z(s,E_k) = \sum_{n=1}^{\infty}\sigma_{k-1}(n)n^{-s}$$

を考えよう．これも，上と同じ形の関数等式をもつ．

●**問題2** 次を示せ．
（1） $Z(s,E_k) = \zeta(s)\zeta(s-k+1)$
が $\mathrm{Re}(s) > k$ において成り立つ．
（2） $\widehat{Z}(s,E_k) = \Gamma_{\mathbb{C}}(s)Z(s,E_k)$

とすると，$Z(s, E_k)$ はすべての複素数 s に対して有理型関数であり関数等式

$$\widehat{Z}(k-s, E_k) = (-1)^{\frac{k}{2}}\widehat{Z}(s, E_k)$$

をみたす．

（3）　$k \equiv 2 \bmod 4$ のとき，

$$Z\left(\frac{k}{2}, E_k\right) = 0$$

（4）　$0 = \zeta(-2) = \zeta(-4) = \zeta(-6) = \cdots$．

（5）　$Z(0, E_k) \neq 0$．

●**解答**

（1）
$$\zeta(s)\zeta(s-k+1) = \left(\sum_{n=1}^{\infty} n^{-s}\right)\left(\sum_{m=1}^{\infty} m^{k-1-s}\right)$$
$$= \sum_{n, m \geqq 1} m^{k-1}(nm)^{-s}$$

として，$nm = l$ とおきかえると

$$\zeta(s)\zeta(s-k+1) = \sum_{l=1}^{\infty}\left(\sum_{m|l} m^{k-1}\right)l^{-s}$$
$$= \sum_{l=1}^{\infty} \sigma_{k-1}(l)\, l^{-s}$$
$$= Z(s, E_k).$$

（2）　$\mathrm{Re}\,(s) > k$ において，

$$\frac{1}{2}\widehat{Z}(s, E_k) = \frac{1}{2}\Gamma_{\mathbb{C}}(s)Z(s, E_k)$$
$$= (2\pi)^{-s}\,\Gamma(s)Z(s, E_k)$$
$$= (2\pi)^{-s}\,\Gamma(s)\left(\sum_{n=1}^{\infty}\sigma_{k-1}(n)\,n^{-s}\right)$$
$$= \int_0^{\infty}\left(E_k(it) - \frac{\zeta(1-k)}{2}\right)t^s\frac{dt}{t}$$
$$= \int_1^{\infty}\left(E_k(it) - \frac{\zeta(1-k)}{2}\right)t^s\frac{dt}{t} + \int_0^1\left(E_k(it) - \frac{\zeta(1-k)}{2}\right)t^s\frac{dt}{t}$$
$$= \int_1^{\infty}\left(E_k(it) - \frac{\zeta(1-k)}{2}\right)t^s\frac{dt}{t} + \int_1^{\infty}\left(E_k\left(i\frac{1}{t}\right) - \frac{\zeta(1-k)}{2}\right)t^{-s}\frac{dt}{t}$$

と変形し，保型性

$$E_k\left(-\frac{1}{z}\right) = z^k E_k(z)$$

を $z = it$ $(t > 0)$ に用いた

$$E_k\left(i\frac{1}{t}\right) = (-1)^{\frac{k}{2}}t^k E_k(it)$$

を使うことにより

$$\begin{aligned}
\frac{1}{2}\widehat{Z}(s, E_k) &= \int_1^\infty \left(E_k(it) - \frac{\zeta(1-k)}{2}\right)t^s\frac{dt}{t} \\
&\quad + \int_1^\infty \left((-1)^{\frac{k}{2}}t^k E_k(it) - \frac{\zeta(1-k)}{2}\right)t^{-s}\frac{dt}{t} \\
&= \int_1^\infty \left(E_k(it) - \frac{\zeta(1-k)}{2}\right)\left(t^s + (-1)^{\frac{k}{2}}t^{k-s}\right)\frac{dt}{t} \\
&\quad - \frac{\zeta(1-k)}{2}\int_1^\infty t^{-s-1}dt + \frac{\zeta(1-k)}{2}(-1)^{\frac{k}{2}}\int_1^\infty t^{k-1-s}dt \\
&= \int_1^\infty \left(E_k(it) - \frac{\zeta(1-k)}{2}\right)\left(t^s + (-1)^{\frac{k}{2}}\right)\frac{dt}{t} \\
&\quad + \frac{\zeta(1-k)}{2}\left(-\frac{1}{s} + \frac{(-1)^{\frac{k}{2}}}{s-k}\right)
\end{aligned}$$

となる．したがって，$\widehat{Z}(s, E_k)$ はすべての複素数 s に有理型関数として解析接続でき（極は $s = 0, k$ のみ），関数等式

$$\widehat{Z}(k-s, E_k) = (-1)^{\frac{k}{2}}\widehat{Z}(s, E_k)$$

をみたす．

（3） $k \equiv 2 \bmod 4$ のとき関数等式は

$$\widehat{Z}(k-s, E_k) = -\widehat{Z}(s, E_k)$$

となる．ここで，$s = \dfrac{k}{2}$ とおく（$s = \dfrac{k}{2}$ は極ではないので有限値）と，

$$\widehat{Z}\left(\frac{k}{2}, E_k\right) = -\widehat{Z}\left(\frac{k}{2}, E_k\right)$$

より

$$\widehat{Z}\left(\frac{k}{2}, E_k\right) = 0.$$

よって

100　第4章　リーマンのゼータ関数論

$$Z\left(\frac{k}{2}, E_k\right) = \frac{1}{2(2\pi)^{-\frac{k}{2}} \Gamma\left(\frac{k}{2}\right)} \widehat{Z}\left(\frac{k}{2}, E_k\right)$$

$$= 0.$$

（4）　$Z(s, E_k) = \zeta(s)\zeta(s-k+1)$

だから

$$Z\left(\frac{k}{2}, E_k\right) = \zeta\left(\frac{k}{2}\right)\zeta\left(1-\frac{k}{2}\right)$$

である．ここで，$k = 6, 10, 14, 18, \cdots$ とすると（3）より

$$\zeta\left(\frac{k}{2}\right)\zeta\left(1-\frac{k}{2}\right) = Z\left(\frac{k}{2}, E_k\right) = 0$$

となるので，

$$\zeta\left(1-\frac{k}{2}\right) = 0 \qquad (k = 6, 10, 14, 18, \cdots).$$

したがって，

$$\zeta(-2) = 0,$$
$$\zeta(-4) = 0,$$
$$\zeta(-6) = 0,$$
$$\zeta(-8) = 0$$
$$\cdots$$

が得られる．［これは，第1章で述べた通り，オイラーの結果であった．］

（5）　$Z(0, E_k) = \zeta(0)\zeta(1-k)$

$$= \left(-\frac{1}{2}\right)\left(-\frac{B_k}{k}\right)$$

$$= \frac{B_k}{2k}$$

であるから，偶数 $k \geqq 4$ に対して

$$Z(0, E_k) \neq 0$$

である．　　　　　　　　　　　　　　　　　　　　　　　　　　　　　　　［解答終］

●問題3

$$Z(s, E_k) = \zeta(s)\zeta(s-k+1)$$

4.7 保型性の変換 101

の右辺のゼータ関数 $\zeta(s)$ と $\zeta(s-k+1)$ に関数等式を用いて

$$\widehat{Z}(k-s, E_k) = (-1)^{\frac{k}{2}} \widehat{Z}(s, E_k)$$

を示せ.

●解答

$$\Gamma_{\mathbb{C}}(s) = \Gamma_{\mathbb{R}}(s)\Gamma_{\mathbb{R}}(s+1),$$
$$\Gamma_{\mathbb{R}}(s) = \pi^{-\frac{s}{2}}\Gamma\left(\frac{s}{2}\right)$$

であるから

$$\widehat{Z}(s, E_k) = \Gamma_{\mathbb{R}}(s)\Gamma_{\mathbb{R}}(s+1)\zeta(s)\zeta(s-k+1)$$
$$= \frac{\Gamma_{\mathbb{R}}(s+1)}{\Gamma_{\mathbb{R}}(s-k+1)}\widehat{\zeta}(s)\widehat{\zeta}(s-k+1)$$

である. ここで

$$\widehat{\zeta}(s) = \Gamma_{\mathbb{R}}(s)\zeta(s)$$

は完備ゼータ関数である.

したがって,

$$\widehat{Z}(k-s, E_k) = \frac{\Gamma_{\mathbb{R}}(k-s+1)}{\Gamma_{\mathbb{R}}(1-s)}\widehat{\zeta}(k-s)\widehat{\zeta}(1-s)$$

となるので, 関数等式

$$\widehat{\zeta}(1-s) = \widehat{\zeta}(s)$$

を用いると

$$\widehat{Z}(k-s, E_k) = \frac{\Gamma_{\mathbb{R}}(k-s+1)}{\Gamma_{\mathbb{R}}(1-s)}\widehat{\zeta}(s-k+1)\widehat{\zeta}(s)$$
$$= \frac{\Gamma_{\mathbb{R}}(k-s+1)}{\Gamma_{\mathbb{R}}(1-s)} \cdot \frac{\Gamma_{\mathbb{R}}(s-k+1)}{\Gamma_{\mathbb{R}}(s+1)} \cdot \widehat{Z}(s, E_k)$$

を得る.

ここで,

$$\Gamma_{\mathbb{R}}(1-s)\Gamma_{\mathbb{R}}(1+s) = \pi^{-\frac{1-s}{2}}\Gamma\left(\frac{1-s}{2}\right)\pi^{-\frac{1+s}{2}}\Gamma\left(\frac{1+s}{2}\right)$$
$$= \pi^{-1}\Gamma\left(\frac{1-s}{2}\right)\Gamma\left(\frac{1+s}{2}\right)$$

$$= \pi^{-1} \cdot \frac{\pi}{\sin\left(\frac{1+s}{2}\pi\right)}$$

$$= \frac{1}{\cos\left(\frac{\pi s}{2}\right)}$$

である. ただし, 関係式

$$\Gamma(x)\Gamma(1-x) = \frac{\pi}{\sin(\pi x)}$$

を用いている. 同じく

$$\Gamma_{\mathbb{R}}(1-(s-k))\Gamma_{\mathbb{R}}(1+(s-k)) = \frac{1}{\cos\left(\dfrac{\pi(s-k)}{2}\right)}$$

$$= \frac{(-1)^{\frac{k}{2}}}{\cos\left(\dfrac{\pi s}{2}\right)}$$

であるから

$$\frac{\Gamma_{\mathbb{R}}(k-s+1)}{\Gamma_{\mathbb{R}}(1-s)} \cdot \frac{\Gamma_{\mathbb{R}}(s-k+1)}{\Gamma_{\mathbb{R}}(s+1)} = \frac{(-1)^{\frac{k}{2}}}{\cos\left(\dfrac{\pi s}{2}\right)} \bigg/ \frac{1}{\cos\left(\dfrac{\pi s}{2}\right)}$$

$$= (-1)^{\frac{k}{2}}$$

とわかる. よって, 関数等式

$$\widehat{Z}(k-s, E_k) = (-1)^{\frac{k}{2}}\widehat{Z}(s, E_k)$$

を得る.

[解答終]

このように, 保型性を用いることにより, $\zeta(s)\zeta(s-k+1)$ $(k = 4, 6, 8, \cdots)$ の解析接続や関数等式が別ルートでもわかる. もちろん, その関数等式は $\zeta(s)$ と $\zeta(s-k+1)$ の関数等式から導かれるものと一致するのである.

このような考えを, はるかに一般の保型性に拡大したものがラングランズ予想では使われるのであるが, 基本は

$$\text{保型性} \quad \overset{\text{変換}}{\longleftrightarrow} \quad \text{ゼータの関数等式}$$

という構図である.

最後に, 保型性の応用をもう一つ書いておこう. それは, $k \equiv 2 \bmod 4$ となるとき, $E_k(z)$ の保型性

$$E_k\left(-\frac{1}{z}\right) = z^k E_k(z)$$

において $z = i$ とすることによって

$$\begin{aligned} E_k(i) &= i^k E_k(i) \\ &= -E_k(i) \end{aligned}$$

となることから

$$E_k(i) = 0$$

がわかることである. これは, 問題 1 (2), 問題 2 (3) と似た状況である.

いま, 等式

$$E_k(i) = 0$$

を具体的に書くと

$$-\frac{B_k}{2k} + \sum_{n=1}^{\infty} \sigma_{k-1}(n) e^{-2\pi n} = 0$$

となる. したがって, $k = 6, 10, 14, 18, \cdots$ に対して

$$\sum_{n=1}^{\infty} \sigma_{k-1}(n) e^{-2\pi n} = \frac{B_k}{2k}$$

という等式が得られたことになる. さらに, 左辺は

$$\begin{aligned} \sum_{n=1}^{\infty} \sigma_{k-1}(n) e^{-2\pi n} &= \sum_{n=1}^{\infty} \left(\sum_{m|n} m^{k-1}\right) e^{-2\pi n} \\ &= \sum_{m, l \geqq 1} m^{k-1} e^{-2\pi m l} \\ &= \sum_{m=1}^{\infty} m^{k-1} \left(\sum_{l=1}^{\infty} e^{-2\pi m l}\right) \\ &= \sum_{m=1}^{\infty} \frac{m^{k-1}}{e^{2\pi m} - 1} \end{aligned}$$

となるので, 等式

$$\sum_{m=1}^{\infty} \frac{m^{k-1}}{e^{2\pi m} - 1} = \frac{B_k}{2k}$$

を得る. ちなみに, これを $k = 6, 10, 14, 18$ に対して具体的に書き直すと

$$\sum_{n=1}^{\infty} \frac{n^5}{e^{2\pi n}-1} = \frac{1}{504},$$

$$\sum_{n=1}^{\infty} \frac{n^9}{e^{2\pi n}-1} = \frac{1}{264},$$

$$\sum_{n=1}^{\infty} \frac{n^{13}}{e^{2\pi n}-1} = \frac{1}{24},$$

$$\sum_{n=1}^{\infty} \frac{n^{17}}{e^{2\pi n}-1} = \frac{43867}{28728},$$

となる.

　これらは保型性の見事な結晶になっていて, リーマンの時代の延長である 19
世紀の終りまでには知られていたものであるが, ラマヌジャンが好んだ等式とし
て伝わっている.

終章

リーマンの後

リーマンの後のゼータ関数論については『ゼータへの招待』にて概観を与えておいた．そこに述べた通り，ゼータ関数の進展は次の2つが合体してもたらされる：

（Ⅰ）　たくさんのゼータ関数を発見すること，

（Ⅱ）　ゼータ関数を統一すること．

この2つは一見すると矛盾しているかに思えるかも知れないが，それは誤解である．実際，（Ⅰ）はゼータ関数の世界を開拓することであり，（Ⅱ）はゼータ関数の世界を統制する法則を見つけることであり，互いに補いあっている．その結果，現在ではゼータ関数の豊かな世界にひたりきることができるのである．

5.1　多様なゼータ関数の発展

現在までに発見されているゼータ関数をいくつかあげておこう：

（A）　群のゼータ関数

（B）　環のゼータ関数

（C）　代数多様体・スキームのゼータ関数

（D）　代数体のゼータ関数

（E）　ガロア表現のゼータ関数

（F）　保型表現のゼータ関数

（G）　保型形式のゼータ関数

（H）　リーマン面のゼータ関数

（I）　リーマン多様体のゼータ関数

（J）　離散多様体のゼータ関数

（K）　グラフのゼータ関数

（L）　ビルディングのゼータ関数

106   終章　リーマンの後

- (M)　置換のゼータ関数
- (N)　力学系のゼータ関数
- (O)　概均質ベクトル空間のゼータ関数
- (P)　2次形式のゼータ関数
- (Q)　高次形式のゼータ関数
- (R)　作用素のゼータ関数
- (S)　圏のゼータ関数
- (T)　p 進ゼータ関数
- (U)　ハッセ・ゼータ関数
- (V)　井草ゼータ関数
- (W)　ヴェイユ・ゼータ関数
- (X)　ウィッテン・ゼータ関数
- (Y)　多重ゼータ関数
- (Z)　絶対ゼータ関数.

各々について，解析接続・関数等式・特殊値表示・リーマン予想類似などが研究されている．もちろん，このリストは，ほんの一部に過ぎない．

　ここに挙げたものを解説するだけでも膨大であり，それらの探求は読者にまかせるしかない．

5.2　ゼータ関数の統一

　現在，ゼータの世界の統一的視点を提供していると期待されているものは，何と言ってもラングランズ予想である．それは5.1節の並べ方で書くと

> (E) ガロア表現のゼータ関数 = (F) 保型表現のゼータ関数

という等号である．もちろん，これはシンボリックな表示である．例については『ゼータへの招待』第10章を見られたい．ラングランズ予想を部分的に証明することによって，フェルマー予想の解決（1995年に Ann. of Math. に論文出版）や佐藤–テイト予想の解決（2011年に Publ. RIMS に論文出版）などの重要な成果

が得られている.

統一を考える際にも大切なことは,（A）〜（Z）のゼータ関数に多義性があることに注意することである.たとえば,（A）の群 G のゼータ関数としても少なくとも3つのゼータ関数が考えられる:

（A1）　群 G の部分群によるゼータ関数,

（A2）　群 G の（素な）共役類によるゼータ関数,

（A3）　群 G の（既約）表現によるゼータ関数.

ここで,（A1）は

$$\zeta_G^1(s) = \sum_{\substack{H \subset G \\ [G:H] < \infty}} [G:H]^{-s}$$

という部分群 H（指数有限）にわたるゼータ関数であり,（A2）は

$$\zeta_G^2(s) = \prod_{P \in \mathrm{Prim}(G)} \left(1 - N(P)^{-s}\right)^{-1}$$

という G の素な共役類 $\mathrm{Prim}(G)$ にわたるオイラー積によるゼータ関数であり,（A3）は

$$\zeta_G^3(s) = \sum_{\rho \in \widehat{G}} \deg(\rho)^{-s}$$

という G の（ユニタリ）既約表現の同値類全体 $\widehat{G}$ にわたるゼータ関数である.

たとえば,（A1）では

$$\zeta_{\mathbb{Z}}^1(s) = \sum_{n=1}^{\infty} [\mathbb{Z} : n\mathbb{Z}]^{-s}$$

$$= \sum_{n=1}^{\infty} n^{-s}$$

$$= \zeta(s)$$

となり,これは（B）の環 $\mathbb{Z}$ のゼータ関数ともなっているし,（C）の $\mathrm{Spec}(\mathbb{Z})$ というスキームのゼータ関数ともなっている:

$$\zeta(s) \in (\mathrm{A1}) \cap (\mathrm{B}) \cap (\mathrm{C}).$$

また,（A2）において,コンパクトリーマン面（種類2以上）M に対して,その基本群 $\pi_1(M)$ を G とすると

$$\zeta_G^2(s) = \zeta_M^{\mathrm{Selberg}}(s)$$

は（H）のリーマン面の（セルバーグ）ゼータ関数に一致する.さらに,$\zeta_G^3(s)$ は（X）のウィッテン・ゼータ関数となっている.

108 終章 リーマンの後

そうすると
$$\zeta(s) = \zeta_{SU(2)}^3(s)$$
となり
$$\zeta(s) \in (A1) \cap (B) \cap (C) \cap (A3) \cap (X)$$
と多様に解釈できることになる.

このように,各々のゼータ関数が何を意味しているのか——あるいは別の言葉で言えば,各ゼータ関数が何で決まっているか——を見極めることが大事なのである.

最後に,

(Z) 絶対ゼータ関数

によってすべてのゼータ関数を統一しようとすることが待たれている. 本書でも,第2章において多重ガンマ関数やガンマ因子(ハッセ・ゼータ関数,セルバーグ・ゼータ関数)が絶対ゼータ関数として捉えられることや応用に触れた. そして,第4章で述べた通り,リーマン・ゼータ関数の研究も絶対ゼータ関数の研究として統合されることであろう.

付録A

絶対ゼータ関数の美しさ

　簡単な場合に，絶対ゼータ関数の見事さを味わってもらおう．この微分の等式はオイラーが発見していても不思議はないのであるが，見当たらない．

●**定理A**

（1）　$\zeta_{\mathbb{G}_m^n/\mathbb{F}_1}(s) = \prod_{k=0}^{n} (s-k)^{(-1)^{n+1-k}\binom{n}{k}}$.

（2）　$\zeta'_{\mathbb{G}_m^n/\mathbb{F}_1}(s) = -n! \prod_{k=0}^{n} (s-k)^{(-1)^{n+1-k}\binom{n}{k}-1}$.

●**証明**

（1）は2.3節の通りである．

（2）は

$$\zeta'_{\mathbb{G}_m^n/\mathbb{F}_1}(s) = -n! \frac{\zeta_{\mathbb{G}_m^n/\mathbb{F}_1}(s)}{s(s-1)\cdots(s-n)}$$

を示すことに他ならない．つまり，対数微分に対する等式

$$\frac{\zeta'_{\mathbb{G}_m^n/\mathbb{F}_1}(s)}{\zeta_{\mathbb{G}_m^n/\mathbb{F}_1}(s)} = -\frac{n!}{s(s-1)\cdots(s-n)}$$

である．一方で，対数微分は対数

$$\log \zeta_{\mathbb{G}_m^n/\mathbb{F}_1}(s) = \sum_{k=0}^{n} (-1)^{n+1-k}\binom{n}{k} \log(s-k)$$

を微分することによって

$$\frac{\zeta'_{\mathbb{G}_m^n/\mathbb{F}_1}(s)}{\zeta_{\mathbb{G}_m^n/\mathbb{F}_1}(s)} = \sum_{k=0}^{n} \frac{(-1)^{n+1-k}\binom{n}{k}}{s-k}$$

と得られる．したがって，等式

$$\sum_{k=0}^{n} \frac{(-1)^{n+1-k}\binom{n}{k}}{s-k} = -\frac{n!}{s(s-1)\cdots(s-n)}$$

が証明すべきことである.

練習のために, $n = 1, 2, 3$ で考えてみると,

$$\frac{1}{s} - \frac{1}{s-1} = -\frac{1}{s(s-1)},$$

$$-\frac{1}{s} + \frac{2}{s-1} - \frac{1}{s-2} = -\frac{2}{s(s-1)(s-2)},$$

$$\frac{1}{s} - \frac{3}{s-1} + \frac{3}{s-2} - \frac{1}{s-3} = -\frac{6}{s(s-1)(s-2)(s-3)}$$

であり, いずれも難しくはない. 一般の n に対して証明するには

$$\frac{1}{s(s-1)\cdots(s-n)} = \sum_{k=0}^{n} \frac{a(k)}{s-k}$$

と部分分数展開をし, 係数 $a(k) \in \mathbb{C}$ を求めればよい. ここで,

$$a(k) = \lim_{s \to k}(s-k)\frac{1}{s(s-1)\cdots(s-n)}$$

であるから

$$a(k) = \lim_{s \to k} \frac{1}{s(s-1)\cdots(s-k+1)(s-k-1)\cdots(s-n)}$$

$$= \frac{1}{k(k-1)\cdots1\cdot(-1)\cdots(-(n-k))}$$

$$= \frac{1}{(-1)^{n-k}k!(n-k)!}$$

$$= \frac{(-1)^{n-k}\binom{n}{k}}{n!}$$

となる. ただし, 2項係数の表示

$$\binom{n}{k} = \frac{n!}{k!(n-k)!}$$

を用いた.

よって,

であり，求める等式

$$\frac{1}{s(s-1)\cdots(s-n)} = \sum_{k=0}^{n} \frac{(-1)^{n-k}\binom{n}{k}}{\dfrac{n!}{s-k}}$$

$$\sum_{k=0}^{n} \frac{(-1)^{n+1-k}\binom{n}{k}}{s-k} = -\frac{n!}{s(s-1)\cdots(s-n)}$$

を得る．

［証明終］

一般に，微分することによって零点の位数は1つ下がり，極の位数は1つ上がる．これを理想的に実現しているのが絶対ゼータ関数を微分した定理 A であり，それ以外の零点や極が出現しない．

付録B

オイラーの絶対ゼータ関数計算

オイラーの絶対ゼータ関数研究の一端は第3章で紹介した．その最初の論文 E464（1774年10月10日付）には，次の結果もある．現代風に書いておこう．

［§23］

$$\int_0^1 \frac{(n-k)x^m+(k-m)x^n+(m-n)x^k}{(\log x)^2}dx$$
$$= (m+1)(n-k)\log(m+1)+(n+1)(k-m)\log(n+1)$$
$$+(k+1)(m-n)\log(k+1).$$

［§24］

I　$(m=2, n=1, k=0)$

$$\int_0^1 \frac{(x-1)^2}{(\log x)^2}dx = 3\log 3 - 4\log 2 = \log\left(\frac{27}{16}\right).$$

II　$(m=3, n=1, k=0)$

$$\int_0^1 \frac{(x-1)^2(x+2)}{(\log x)^2}dx = 4\log 4 - 6\log 2 = \log 4.$$

III　$(m=3, n=2, k=0)$

$$\int_0^1 \frac{(x-1)^2(2x+1)}{(\log x)^2} dx = 8\log 4 - 9\log 3 = \log\left(\frac{2^{16}}{3^2}\right).$$

Ⅳ $(m=3, n=2, k=1)$

$$\int_0^1 \frac{(x-1)^2 x}{(\log x)^2} dx = 4\log 4 - 6\log 3 + 2\log 2 = \log\left(\frac{2^{10}}{3^6}\right).$$

§ 23 の結果の特別な場合として § 24 の結果が得られるという段取りである. ここでは, § 23 の結果をより一般の場合に証明しておこう.

> ●定理 B1
>
> $$f(x) = \sum_k a(k)x^k \in \mathbb{Z}[x]$$
>
> が条件 $f(1) = f'(1) = 0$ (つまり, $x=1$ を重根にもつ) をみたすとき
>
> $$\int_0^1 \frac{f(x)}{(\log x)^2} dx = \log\left(\prod_k (k+1)^{(k+1)a(k)}\right).$$

たとえば, § 23 の結果は

$$f(x) = (n-k)x^m + (k-m)x^n + (m-n)x^k$$

のときであり, たしかに

$$f(1) = (n-k) + (k-m) + (m-n) = 0,$$
$$f'(1) = m(n-k) + n(k-m) + k(m-n) = 0$$

をみたしているので, 定理 B1 を使うことができて, オイラーの

$$\int_0^1 \frac{f(x)}{(\log x)^2} dx = (n-k)(m+1)\log(m+1) + (k-m)(n+1)\log(n+1)$$
$$+ (m-n)(k+1)\log(k+1)$$

が得られる.

●定理 B1 の証明

3.2 節では,

$$f(x) = \sum_k a(k)x^k \in \mathbb{Z}[x]$$

が条件 $f(1) = 0$ をみたすとき

$$\int_0^1 \frac{f(x)}{\log x}dx = \log\left(\prod_k (k+1)^{a(k)}\right)$$

となるというオイラーの結果［基本定理］の証明を行った．その証明を適宜変更すればよい．具体的には次の通り．

まず，

$$\int_0^1 \frac{f(x)}{(\log x)^2}dx = \int_1^\infty \frac{f\left(\dfrac{1}{x}\right)}{\left(\log\dfrac{1}{x}\right)^2} \cdot \frac{dx}{x^2}$$

$$= \int_1^\infty \frac{f^*(x)}{(\log x)^2}x^{-2}dx$$

$$= \log \zeta_F(1)$$

となる．ここで，

$$f^*(x) = f\left(\frac{1}{x}\right),$$

$$F(x) = \frac{f^*(x)}{\log x}$$

である．

一方，

$$Z_F(w, s) = \frac{1}{\Gamma(w)}\int_1^\infty \frac{f^*(x)}{\log x}x^{-s-1}(\log x)^{w-1}\,dx$$

$$= \frac{\Gamma(w-1)}{\Gamma(w)}\sum_k a(k)(k+s)^{1-w}$$

$$= \frac{1}{w-1}\sum_k a(k)(k+s)^{1-w}$$

であるが，

$$\sum_k a(k) = f(1) = 0,$$

$$\sum_k a(k)k = f'(1) = 0$$

より

$$\log \zeta_F(s) = \frac{\partial}{\partial w}\left(\frac{1}{w-1}\sum_k a(k)(k+s)^{1-w}\right)\bigg|_{w=0}$$
$$= \sum_k a(k)(k+s)\log(k+s)$$

となるので,

$$\log \zeta_F(1) = \sum_k a(k)(k+1)\log(k+1)$$
$$= \log\left(\prod_k (k+1)^{(k+1)a(k)}\right)$$

を得る.

したがって,

$$\int_0^1 \frac{f(x)}{(\log x)^2}dx = \log\left(\prod_k (k+1)^{(k+1)a(k)}\right)$$

である.

［証明終］

上記の証明からわかる通り,

$$\zeta_F(1) = \prod_k (k+1)^{(k+1)a(k)}$$
$$= \exp\left(\int_0^1 \frac{f(x)}{(\log x)^2}dx\right)$$

は有理数である.

さて,3.2 節で見た通り

$$\int_0^1 \frac{x-1}{\log x}dx = \log 2$$

であり(E464, §5),上で示した通り

$$\int_0^1 \left(\frac{x-1}{\log x}\right)^2 dx = \log\left(\frac{27}{16}\right)$$

である(E464, §24).また,積分内を逆数にして考えると

$$\int_0^1 \frac{\log x}{x-1}dx = \zeta(2) = \frac{\pi^2}{6}$$

である(1.5 節の積分表示において $s=2$ とおく).さらに,次の定理 B2 におい
て証明するように

$$\int_0^1 \left(\frac{\log x}{x-1}\right)^2 dx = 2\zeta(2) = \frac{\pi^2}{3}$$

である. 一般化しておこう.

● 定理 B2

$r = 1, 2, 3, \cdots$ に対して

$$I_r = \int_0^1 \left(\frac{\log x}{x-1} \right)^r dx,$$

$$J_r = \int_0^1 \left(\frac{x-1}{\log x} \right)^r dx$$

とおく. このとき, 次が成り立つ.

（1） $I_r = r \sum_{l=1}^{r-1} \begin{bmatrix} r-1 \\ l \end{bmatrix} \zeta(r-l+1).$

ただし, $\begin{bmatrix} r-1 \\ l \end{bmatrix}$ は

$$x(x+1)\cdots(x+r-2) = \sum_{l=1}^{r-1} \begin{bmatrix} r-1 \\ l \end{bmatrix} x^l$$

によって定まるスターリング数（第1種）である.

（2） $J_r = \dfrac{(-1)^r}{(r-1)!} \log \left(\prod_{k=0}^r (k+1)^{(-1)^k \binom{r}{k}(k+1)^{r-1}} \right).$

● 証明

（1） $I_r = \int_0^1 \left(\frac{\log x}{x-1} \right)^r dx$

$\qquad\quad = \int_0^1 \left(\log \frac{1}{x} \right)^r (1-x)^{-r} dx$

において

$$(1-x)^{-r} = \sum_{k=0}^\infty (-1)^k \binom{-r}{k} x^k$$

$$= \sum_{k=0}^\infty \frac{(k+r-1)!}{(r-1)!k!} x^k$$

を用いると

$$I_r = \int_0^1 \sum_{k=0}^\infty \frac{(k+r-1)!}{(r-1)!k!} x^k \left(\log \frac{1}{x} \right)^r dx$$

$$= \frac{1}{(r-1)!} \sum_{k=0}^{\infty} \frac{(k+r-1)!}{k!} \int_0^1 x^k \left(\log \frac{1}{x} \right)^r dx$$

となる．ここで，$x = e^{-t}$ とおきかえると

$$\int_0^1 x^k \left(\log \frac{1}{x} \right)^r dx = \int_0^{\infty} e^{-kt} t^r e^{-t} dt$$

$$= \int_0^{\infty} t^r e^{-(k+1)t} dt$$

$$= r!(k+1)^{-r-1}$$

であるので，

$$I_r = \frac{r!}{(r-1)!} \sum_{k=0}^{\infty} \frac{(k+r-1)!}{(k+1)^{r+1} k!}$$

$$= r \sum_{k=0}^{\infty} \frac{(k+r-1)\cdots(k+1)}{(k+1)^{r+1}}$$

$$= r \sum_{n=1}^{\infty} \frac{(n+r-2)\cdots n}{n^{r+1}}.$$

よって

$$(n+r-2)\cdots n = \sum_{l=1}^{r-1} \begin{bmatrix} r-1 \\ l \end{bmatrix} n^l$$

と展開して

$$I_r = r \sum_{n=1}^{\infty} \frac{1}{n^{r+1}} \left(\sum_{l=1}^{r-1} \begin{bmatrix} r-1 \\ l \end{bmatrix} n^l \right)$$

$$= r \sum_{l=1}^{r-1} \begin{bmatrix} r-1 \\ l \end{bmatrix} \left(\sum_{n=1}^{\infty} \frac{1}{n^{r+1-l}} \right)$$

$$= r \sum_{l=1}^{r-1} \begin{bmatrix} r-1 \\ l \end{bmatrix} \zeta(r-l+1)$$

と求まる．

（2）は絶対ゼータ関数の計算を用いる．まず，

$$J_r = \int_0^1 \left(\frac{x-1}{\log x} \right)^r dx$$

$$= \int_1^{\infty} \left(\frac{x^{-1}-1}{\log \frac{1}{x}} \right)^r \frac{dx}{x^2}$$

$$= \int_1^\infty \left(\frac{1-x^{-1}}{\log x} \right)^r x^{-2} dx$$

$$= \log \zeta_f(1)$$

となる．ここで

$$f(x) = \frac{(1-x^{-1})^r}{(\log x)^{r-1}}$$

である．すると，

$$Z_f(w,s) = \frac{1}{\Gamma(w)} \int_1^\infty \frac{(1-x^{-1})^r}{(\log x)^{r-1}} x^{-s-1} (\log x)^{w-1} \, dx$$

$$= \frac{\Gamma(w-r+1)}{\Gamma(w)} \sum_{k=0}^{r} (-1)^k \binom{r}{k} (s+k)^{r-w-1}$$

$$= \frac{1}{(w-r+1)\cdots(w-1)} \sum_{k=0}^{r} (-1)^k \binom{r}{k} (s+k)^{r-w-1}$$

より

$$\log \zeta_f(s) = \frac{\partial}{\partial w} Z_f(w,s)\big|_{w=0}$$

$$= \frac{(-1)^{r-1}}{(r-1)!} \sum_{k=0}^{r} (-1)^{k+1} \binom{r}{k} (s+k)^{r-1} \log(s+k)$$

となる．ただし，

$$\sum_{k=0}^{r} (-1)^k \binom{r}{k} (s+k)^{r-1} = 0$$

を用いている．

したがって，

$$J_r = \log \zeta_f(1)$$

$$= \frac{(-1)^{r-1}}{(r-1)!} \sum_{k=0}^{r} (-1)^{k+1} \binom{r}{k} (k+1)^{r-1} \log(k+1)$$

$$= \frac{(-1)^r}{(r-1)!} \log \left(\prod_{k=0}^{r} (k+1)^{(-1)^k \binom{r}{k}(k+1)^{r-1}} \right)$$

と求まる．

［証明終］

[例]　$I_1 = \zeta(2) = \dfrac{\pi^2}{6}$,

$I_2 = 2\zeta(2) = \dfrac{\pi^2}{3}$,

$I_3 = 3\zeta(3) + 3\zeta(2) = 3\zeta(3) + \dfrac{\pi^2}{2}$,

$I_4 = 8\zeta(4) + 12\zeta(3) + 4\zeta(2) = \dfrac{4\pi^4}{45} + 12\zeta(3) + \dfrac{2\pi^2}{3}$.

$J_1 = \log 2$,

$J_2 = \log\left(\dfrac{27}{16}\right) = \log\left(\dfrac{3^3}{2^4}\right)$,

$J_3 = \dfrac{1}{2}\log\left(\dfrac{2^{44}}{3^{27}}\right)$,

$J_4 = \dfrac{1}{6}\log\left(\dfrac{3^{162}5^{125}}{2^{544}}\right)$.

オイラーは，1.5 節から得られる

$$I_1 = \int_0^1 \frac{\log x}{x-1}dx = \zeta(2) = \frac{\pi^2}{6}$$

［E393，1768 年 8 月 18 日付，61 歳］

と 3.2 節の

$$J_1 = \int_0^1 \frac{x-1}{\log x}dx = \log \zeta_{\mathrm{G}_m/\mathrm{F}_1}(2) = \log 2$$

［E464，1774 年 10 月 10 日付，67 歳］

の中間地点で積分内を上下逆転させてゼータ関数から絶対ゼータ関数に移ったのであるが，その時期は 1.6 節の E432（1772 年 5 月 18 日付，65 歳）と推定するのが妥当である．つまり，オイラーは 60 代の半ばにゼータ関数から絶対ゼータ関数への回心（えしん，かいしん）を成し遂げたのである．

付録C

オイラー定数の高次版

　オイラーは 1776 年 2 月 29 日付の論文 E629（68 歳）において，オイラー定数 $\gamma = 0.577\cdots$ を絶対ゼータ関数によって表示する公式

$$\gamma = \sum_{n=2}^{\infty} \frac{1}{n} \log \zeta_{\mathrm{G}_m^{n-1}/\mathrm{F}_1}(n)$$

を証明した．このことは，3.3 節で解説した．そこでは，

$$\gamma = -1 + 2 \sum_{n=2}^{\infty} \frac{H_n}{n+1} \log \zeta_{\mathrm{G}_m^{n-1}/\mathrm{F}_1}(n)$$

という 2 次版の新公式を報告しておいた．ここでは，一般次の拡張と証明を与える．

　$r = 1, 2, 3, \cdots$ に対して r 次のゼータ関数を

$$\zeta_r(s) = \sum_{n=1}^{\infty} (n+r-2) \cdots n \cdot n^{-s}$$

とし，r 次のオイラー定数を

$$\gamma_r = \lim_{s \to r} \left(\zeta_r(s) - \frac{1}{s-r} \right) + H_{r-1}$$

とおく．ここで

$$H_n = \sum_{k=1}^{n} \frac{1}{k}$$

は調和数であり，

$$H_0 = 0,$$
$$H_1 = 1,$$
$$H_2 = \frac{3}{2},$$
$$H_3 = \frac{11}{6}$$

などとなる．

122 付録 C　オイラー定数の高次版

●定理 C1

（1）
$$\zeta_r(s) = \sum_{k=1}^{r-1} \begin{bmatrix} r-1 \\ k \end{bmatrix} \zeta(s-k)$$

$$= \zeta(s-r+1) + \sum_{k=1}^{r-2} \begin{bmatrix} r-1 \\ k \end{bmatrix} \zeta(s-k)$$

は，すべての $s \in \mathbb{C}$ に対して有理型関数であり，$s = r$ において留数 1 の 1 位の極をもつ．ここで，$\begin{bmatrix} n \\ k \end{bmatrix}$ は第 1 種スターリング数であり

$$x(x+1)\cdots(x+n-1) = \sum_{k=1}^{n} \begin{bmatrix} n \\ k \end{bmatrix} x^k$$

によって定められる．

（2）　r 次オイラー定数は

$$\gamma_r = \gamma + \sum_{k=1}^{r-2} \begin{bmatrix} r-1 \\ k \end{bmatrix} \zeta(r-k) + H_{r-1}$$

である．

●証明

（1）　まず，

$$(n+r-2)\cdots n = \sum_{k=1}^{r-1} \begin{bmatrix} r-1 \\ k \end{bmatrix} n^k$$

より

$$\zeta_r(s) = \sum_{n=1}^{\infty} \left(\sum_{k=1}^{r-1} \begin{bmatrix} r-1 \\ k \end{bmatrix} n^k \right) n^{-s}$$

$$= \sum_{k=1}^{r-1} \begin{bmatrix} r-1 \\ k \end{bmatrix} \left(\sum_{n=1}^{\infty} n^{k-s} \right)$$

$$= \sum_{k=1}^{r-1} \begin{bmatrix} r-1 \\ k \end{bmatrix} \zeta(s-k)$$

$$= \zeta(s-r+1) + \sum_{k=1}^{r-2} \begin{bmatrix} r-1 \\ k \end{bmatrix} \zeta(s-k)$$

となるので，$\zeta_r(s)$ はすべての $s \in \mathbb{C}$ において有理型であり，$s = r$ において 1

位の極をもち留数は1である．また，

$$\zeta_r(s) = \sum_{n=1}^{\infty} (n+r-2)\cdots n \cdot n^{-s}$$

$$= \sum_{n=1}^{\infty} (r-1)! \binom{n+r-2}{r-1} n^{-s}$$

$$= (r-1)! \sum_{n=0}^{\infty} \binom{n+r-1}{r-1} (n+1)^{-s}$$

$$= (r-1)! \sum_{n_1, \cdots, n_r \geqq 0} (n_1 + \cdots + n_r + 1)^{-s}$$

と書ける．

（2） $\displaystyle \gamma_r = \lim_{s \to r} \left(\zeta_r(s) - \frac{1}{s-r} \right) + H_{r-1}$

$$= \lim_{s \to r} \left\{ \left(\zeta(s-r+1) - \frac{1}{s-r} \right) + \sum_{k=1}^{r-2} \begin{bmatrix} r-1 \\ k \end{bmatrix} \zeta(s-k) \right\} + H_{r-1}$$

$$= \gamma + \sum_{k=1}^{r-2} \begin{bmatrix} r-1 \\ k \end{bmatrix} \zeta(r-k) + H_{r-1}$$

となる．ここで，

$$\lim_{s \to r} \left(\zeta(s-r+1) - \frac{1}{s-r} \right) = \lim_{s \to 1} \left(\zeta(s) - \frac{1}{s-1} \right)$$
$$= \gamma$$

を用いた． ［証明終］

●定理 C2

$c_r(n)$ を

$$\sum_{n=1}^{\infty} c_r(n) x^{n-1} = \left(\sum_{n=1}^{\infty} \frac{1}{n} x^{n-1} \right)^r$$

によって定める．このとき，r 次オイラー定数は

$$\gamma_r = \sum_{n=2}^{\infty} c_r(n) \log \zeta_{\mathrm{G}_m^{n-1}/\mathbb{F}_1}(n)$$

と表示される．

●**証明** $\mathrm{Re}\,(s) > r$ において

$$\zeta_r(s) = (r-1)! \sum_{n_1, \cdots, n_r \geqq 0} (n_1 + \cdots + n_r + 1)^{-s}$$

であったから

$$\zeta_r(s) = \frac{(r-1)!}{\Gamma(s)} \int_1^\infty \frac{x^{-1}}{(1-x^{-1})^r} (\log x)^{s-1} \frac{dx}{x}$$

と積分表示される．ここで

$$\frac{x^{-1}}{(1-x^{-1})^r} = x^{-1} \left(\sum_{n=0}^\infty x^{-n} \right)^r$$

$$= x^{-1} \left(\sum_{n_1=0}^\infty x^{-n_1} \right) \cdots \left(\sum_{n_r=0}^\infty x^{-n_r} \right)$$

$$= \sum_{n_1, \cdots, n_r \geqq 0} x^{-(n_1 + \cdots + n_r + 1)}$$

であることを用いている．

この積分表示は，$r=1$ のときは

$$\zeta(s) = \frac{1}{\Gamma(s)} \int_1^\infty \frac{x^{-1}}{1-x^{-1}} (\log x)^{s-1} \frac{dx}{x}$$

$$= \frac{1}{\Gamma(s)} \int_0^1 \frac{\left(\log \frac{1}{x} \right)^{s-1}}{1-x} dx$$

というオイラーの積分表示（E393，1768 年 8 月 18 日付，61 歳）そのものであり，今からちょうど 250 年前のものである（1.5 節）．

したがって，

$$\zeta_r(s) = \frac{(r-1)!}{\Gamma(s)} \int_1^\infty \left(\frac{\log x}{1-x^{-1}} \right)^r x^{-2} (\log x)^{s-r-1} dx$$

$$= \frac{(r-1)!}{\Gamma(s)} \int_1^\infty \left(\frac{-\log(1-(1-x^{-1}))}{1-x^{-1}} \right)^r x^{-2} (\log x)^{s-r-1} dx$$

となるが，$u = 1-x^{-1}$ とおいたとき

$$\left(\frac{-\log(1-(1-x^{-1}))}{1-x^{-1}} \right)^r = \left(\frac{-\log(1-u)}{u} \right)^r$$

$$= \left(\sum_{n=1}^\infty \frac{1}{n} u^{n-1} \right)^r$$

$$= \sum_{n=1}^\infty c_r(n) u^{n-1}$$

$$= \sum_{n=1}^{\infty} c_r(n)(1-x^{-1})^{n-1}$$

となるので,

$$\zeta_r(s) = \frac{(r-1)!}{\Gamma(s)} \int_1^{\infty} \sum_{n=1}^{\infty} c_r(n)(1-x^{-1})^{n-1} x^{-2} (\log x)^{s-r-1}\, dx$$

$$= \sum_{n=1}^{\infty} c_r(n) \frac{(r-1)!}{\Gamma(s)} \int_1^{\infty} (1-x^{-1})^{n-1} x^{-2} (\log x)^{s-r-1}\, dx$$

$$= \sum_{n=1}^{\infty} c_r(n) \frac{(r-1)!}{\Gamma(s)} \int_1^{\infty} \left(\sum_{k=1}^{n} (-1)^{k-1} \binom{n-1}{k-1} x^{-k-1} \right) (\log x)^{s-r-1}\, dx$$

$$= \sum_{n=1}^{\infty} c_r(n) \frac{(r-1)!}{\Gamma(s)} \sum_{k=1}^{n} (-1)^{k-1} \binom{n-1}{k-1} \Gamma(s-r) k^{r-s}$$

$$= \sum_{n=1}^{\infty} c_r(n) \frac{(r-1)! \sum_{k=1}^{n} (-1)^{k-1} \binom{n-1}{k-1} k^{r-s}}{(s-1)\cdots(s-r)}$$

$$= \frac{(r-1)!}{(s-1)\cdots(s-r)} + \sum_{n=2}^{\infty} c_r(n) \frac{(r-1)! Z_{\mathrm{G}_m^{n-1}/\mathbb{F}_1}(s-r, n)}{(s-1)\cdots(s-r)}$$

となることがわかる.

　したがって,

$$\lim_{s \to r} \left(\zeta_r(s) - \frac{1}{s-r} \right) = \lim_{s \to r} \left(\frac{(r-1)!}{(s-1)\cdots(s-r)} - \frac{1}{s-r} \right)$$

$$+ \lim_{s \to r} \sum_{n=2}^{\infty} c_r(n) \frac{(r-1)! Z_{\mathrm{G}_m^{n-1}/\mathbb{F}_1}(s-r, n)}{(s-1)\cdots(s-r)}$$

において

$$\lim_{s \to r} \left(\frac{(r-1)!}{(s-1)\cdots(s-r)} - \frac{1}{s-r} \right) = -H_{r-1},$$

$$\lim_{s \to r} \frac{(r-1)! Z_{\mathrm{G}_m^{n-1}/\mathbb{F}_1}(s-r, n)}{(s-1)\cdots(s-r)} = \log \zeta_{\mathrm{G}_m^{n-1}/\mathbb{F}_1}(n)$$

$$= \log \left(\prod_{k=1}^{n} k^{(-1)^k \binom{n-1}{k-1}} \right)$$

を用いることによって, 求める表示式

$$\gamma_r = \sum_{n=2}^{\infty} c_r(n) \log \zeta_{\mathrm{G}_m^{n-1}/\mathbb{F}_1}(n)$$

を得る.

[証明終]

126   付録 C   オイラー定数の高次版

練習問題

$$\lim_{s \to r}\left(\frac{(r-1)!}{(s-1)\cdots(s-r)} - \frac{1}{s-r}\right) = -H_{r-1}$$

を示せ.

解答

$$f(s) = \frac{(r-1)!}{(s-1)\cdots(s-r+1)}$$

とおくと $f(r) = 1$ であり

$$\frac{(r-1)!}{(s-1)\cdots(s-r)} - \frac{1}{s-r} = \frac{f(s)-f(r)}{s-r}$$

だから

$$\lim_{s \to r}\left(\frac{(r-1)!}{(s-1)\cdots(s-r)} - \frac{1}{s-r}\right) = \lim_{s \to r}\frac{f(s)-f(r)}{s-r}$$

$$= f'(r)$$

$$= \frac{f'(r)}{f(r)}$$

である. ここで, 対数微分により

$$\frac{f'(s)}{f(s)} = -\left(\frac{1}{s-1} + \cdots + \frac{1}{s-r+1}\right)$$

となるので

$$\frac{f'(r)}{f(r)} = -\left(\frac{1}{r-1} + \cdots + 1\right)$$

$$= -H_{r-1}.$$

[解答終]

[例] $\gamma_1 = \gamma,$

$\gamma_2 = \gamma + 1,$

$\gamma_3 = \gamma + \dfrac{\pi^2}{6} + \dfrac{3}{2},$

$\gamma_4 = \gamma + \dfrac{\pi^2}{2} + 2\zeta(3) + \dfrac{11}{6}.$

これは,

$$\zeta_1(s) = \zeta(s),$$

$$\zeta_2(s) = \sum_{n=1}^{\infty} \binom{n}{1} n^{-s} = \zeta(s-1),$$

$$\zeta_3(s) = 2 \sum_{n=1}^{\infty} \binom{n+1}{2} n^{-s} = \zeta(s-2) + \zeta(s-1),$$

$$\zeta_4(s) = 6 \sum_{n=1}^{\infty} \binom{n+2}{3} n^{-s}$$

$$= \zeta(s-3) + 3\zeta(s-2) + 2\zeta(s-1).$$

より得られる.

第1種のスターリング数を用いると

$$c_r(n) = \begin{bmatrix} n+r-1 \\ r \end{bmatrix} \frac{r!}{(n+r-1)!}$$

と表示される. とくに,

$$c_1(n) = \begin{bmatrix} n \\ 1 \end{bmatrix} \frac{1}{n!}$$

$$= (n-1)! \frac{1}{n!}$$

$$= \frac{1}{n},$$

$$c_2(n) = \begin{bmatrix} n+1 \\ 2 \end{bmatrix} \frac{2!}{(n+1)!}$$

$$= n! H_n \cdot \frac{2!}{(n+1)!}$$

$$= \frac{2H_n}{n+1}$$

である. このとき, 定理 C2 は

$$\gamma = \sum_{n=2}^{\infty} \frac{1}{n} \log \zeta_{\mathrm{G}_m^{n-1}/\mathrm{F}_1}(n)$$

というオイラーの結果 (1776 年 2 月 29 日付, E629) および, その 2 次版

$$\gamma + 1 = 2 \sum_{n=2}^{\infty} \frac{H_n}{n+1} \log \zeta_{\mathrm{G}_m^{n-1}/\mathrm{F}_1}(n)$$

となっている（3.3 節参照）.

$r \geqq 3$ に対しても，たとえば

$$c_3(n) = \begin{bmatrix} n+2 \\ 3 \end{bmatrix} \frac{3!}{(n+2)!}$$

$$= \frac{1}{2}(n+1)! \{(H_{n+1})^2 - H_{n+1}^{(2)}\} \cdot \frac{3!}{(n+2)!}$$

$$= \frac{3}{n+2} \{(H_{n+1})^2 - H_{n+1}^{(2)}\}$$

を用いると，3 次版の公式

$$\gamma + \frac{\pi^2}{6} + \frac{3}{2} = 3 \sum_{n=2}^{\infty} \frac{(H_{n+1})^2 - H_{n+1}^{(2)}}{n+2} \log \zeta_{\mathrm{G}_m^{n-1}/\mathrm{F}_1}(n)$$

のように書くことができる．ここで，$m \geqq 2$ に対しては

$$H_n^{(m)} = \sum_{k=1}^{n} \frac{1}{k^m}$$

である.

付録D

オイラー定数の高次版のp類似

数論においてはp類似はつきものである. ここでは, 付録Cに対するp類似を考える. そこでの絶対ゼータ関数の代りに合同ゼータ関数を用いるのである. 第2章で述べた通り, 絶対ゼータ関数のp類似が合同ゼータ関数という関係になっている.

$r = 1, 2, 3, \cdots$ と $p > 1$ に対して

$$\gamma_r(p) = \left(\frac{\log p}{p-1}\right)^r \sum_{n=1}^{\infty} \frac{n^{r-1} p^{(r-1)n}}{[n]_p^r} - \log\left(\frac{p}{p-1}\right)$$

$$= (\log p)^r \sum_{n=1}^{\infty} \frac{n^{r-1} p^{(r-1)n}}{(p^n-1)^r} - \log\left(\frac{p}{p-1}\right)$$

とおく. ここで,

$$[x]_p = \frac{p^x - 1}{p - 1}$$

である.

> ● **定理D**
>
> $$\gamma_r(p) = \sum_{n=2}^{\infty} c_r(n) \log \zeta_{\mathbb{G}_m^{n-1}/\mathbb{F}_p}(n).$$

ここで, $c_r(n)$ は付録Cと同じく

$$\sum_{n=1}^{\infty} c_r(n) x^{n-1} = \left(\sum_{n=1}^{\infty} \frac{x^{n-1}}{n}\right)^r$$

$$= \left(\frac{-\log(1-x)}{x}\right)^r \quad (|x| < 1)$$

であり, 第2章2.3節の通り (第3章3.3節の計算参照)

$$\zeta_{\mathbb{G}_m^{n-1}/\mathbb{F}_p}(n) = \prod_{k=1}^{n} (1 - p^{-k})^{(-1)^k \binom{n-1}{k-1}}$$

130 付録 D　オイラー定数の高次版の p 類似

である；もともとは p は素数であったが，一般の $p > 1$ に対しても上の式で定義する.

●定理 D の証明

$$\sum_{n=1}^{\infty} c_r(n) \log \zeta_{\mathrm{G}_m^{n-1}/\mathrm{F}_p}(n)$$

$$= \sum_{n=1}^{\infty} c_r(n) \log \left(\prod_{k=1}^{n} (1-p^{-k})^{(-1)^k \binom{n-1}{k-1}} \right)$$

$$= \sum_{n=1}^{\infty} c_r(n) \sum_{k=1}^{n} (-1)^k \binom{n-1}{k-1} \log (1-p^{-k})$$

$$= \sum_{n=1}^{\infty} c_r(n) \sum_{k=0}^{n-1} (-1)^{k+1} \binom{n-1}{k} \log (1-p^{-(k+1)})$$

$$= \sum_{n=1}^{\infty} c_r(n) \sum_{k=0}^{n-1} (-1)^k \binom{n-1}{k} \sum_{m=1}^{\infty} \frac{1}{m} p^{-m(k+1)}$$

$$= \sum_{n=1}^{\infty} c_r(n) \sum_{m=1}^{\infty} \frac{p^{-m}}{m} \left(\sum_{k=0}^{n-1} (-1)^k \binom{n-1}{k} p^{-mk} \right)$$

$$= \sum_{n=1}^{\infty} c_r(n) \sum_{m=1}^{\infty} \frac{p^{-m}}{m} (1-p^{-m})^{n-1}$$

$$= \sum_{m=1}^{\infty} \frac{p^{-m}}{m} \sum_{n=1}^{\infty} c_r(n) (1-p^{-m})^{n-1}$$

$$= \sum_{m=1}^{\infty} \frac{p^{-m}}{m} \left(\frac{-\log(1-(1-p^{-m}))}{1-p^{-m}} \right)^r$$

$$= \sum_{m=1}^{\infty} \frac{p^{-m}}{m} \left(\frac{m \log p}{1-p^{-m}} \right)^r$$

$$= (\log p)^r \sum_{m=1}^{\infty} \frac{m^{r-1} p^{-m}}{(1-p^{-m})^r}$$

$$= (\log p)^r \sum_{m=1}^{\infty} \frac{m^{r-1} p^{(r-1)m}}{(p^m-1)^r}$$

$$= \left(\frac{\log p}{p-1} \right)^r \sum_{m=1}^{\infty} \frac{m^{r-1} p^{(r-1)m}}{[m]_p^r}$$

と変形できる. したがって，

$$\sum_{n=2}^{\infty} c_r(n) \log \zeta_{\mathrm{G}_m^{n-1}/\mathrm{F}_p}(n)$$

$$= \sum_{n=1}^{\infty} c_r(n) \log \zeta_{\mathrm{G}_m^{n-1}/\mathbb{F}_p}(n) - c_r(1) \log \zeta_{\mathrm{G}_m^0/\mathbb{F}_p}(1)$$

$$= \left(\frac{\log p}{p-1}\right)^r \sum_{m=1}^{\infty} \frac{m^{r-1} p^{(r-1)m}}{[m]_p^r} - \log\left(\frac{p}{p-1}\right)$$

$$= \gamma_r(p)$$

となる. ここで,

$$\zeta_{\mathrm{G}_m^0/\mathbb{F}_p}(1) = (1-p^{-1})^{-1}$$

$$= \frac{p}{p-1}$$

を用いた.   [証明終]

　なお,

$$\lim_{p \to 1} \gamma_r(p) = \gamma_r$$

が成立することは,

$$\lim_{p \to 1} \zeta_{\mathrm{G}_m^{n-1}/\mathbb{F}_p}(n) \overset{\tiny\bigtriangledown}{=} \zeta_{\mathrm{G}_m^{n-1}/\mathbb{F}_1}(n)$$

を用いると

$$\lim_{p \to 1} \gamma_r(p) \overset{\text{定理 D}}{=} \lim_{p \to 1} \sum_{n=2}^{\infty} c_r(n) \log \zeta_{\mathrm{G}_m^{n-1}/\mathbb{F}_p}(n)$$

$$\overset{\tiny\bigtriangledown}{=} \sum_{n=2}^{\infty} c_r(n) \log \zeta_{\mathrm{G}_m^{n-1}/\mathbb{F}_1}(n)$$

$$\overset{\text{定理 C2}}{=} \gamma_r$$

とわかる.

　さて, $n = 1, 2, 3, \cdots$ と $s > n$ (たとえば $s = n+1$) に対して

$$\lim_{p \to 1} \zeta_{\mathrm{G}_m^n/\mathbb{F}_p}(s) = \zeta_{\mathrm{G}_m^n/\mathbb{F}_1}(s)$$

を理解するには

$$\zeta_{\mathrm{G}_m^n/\mathbb{F}_p}(s) = \exp\left(\frac{\log p}{1-p^{-1}} \int_1^{\infty} \frac{(x-1)^n}{\log x} x^{-s-1} d_p x\right),$$

$$\zeta_{\mathrm{G}_m^n/\mathbb{F}_1}(s) = \exp\left(\int_1^{\infty} \frac{(x-1)^n}{\log x} x^{-s-1} dx\right)$$

と並べて見るのが良い. ここで,

$$\int_1^\infty f(x) d_p x = \sum_{m=1}^\infty f(p^m)(p^m - p^{m-1})$$

はジャクソン積分と呼ばれるものである.

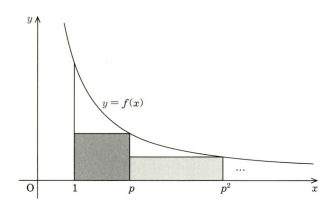

計算してみると

$$\int_1^\infty \frac{(x-1)^n}{\log x} x^{-s-1} d_p x = \sum_{m=1}^\infty \frac{(p^m-1)^n}{\log(p^m)} (p^m)^{-s-1}(p^m - p^{m-1})$$

$$= \frac{1-p^{-1}}{\log p} \sum_{m=1}^\infty \frac{(p^m-1)^n}{m} p^{-ms}$$

$$= \frac{1-p^{-1}}{\log p} \log \zeta_{G_m^n/F_p}(s)$$

であるから,たしかに

$$\zeta_{G_m^n/F_p}(s) = \exp\left(\frac{\log p}{1-p^{-1}} \int_1^\infty \frac{(x-1)^n}{\log x} x^{-s-1} d_p x\right)$$

である.したがって,

$$\lim_{p \to 1} \frac{\log p}{1-p^{-1}} = 1$$

および,ジャクソン積分が $p \to 1$ のときに(適切な関数に対して)通常のリーマン積分になることから

$$\lim_{p \to 1} \zeta_{G_m^n/F_p}(s) = \lim_{p \to 1} \exp\left(\frac{\log p}{1-p^{-1}} \int_1^\infty \frac{(x-1)^n}{\log x} x^{-s-1} d_p x\right)$$

$$= \exp\left(\int_1^\infty \frac{(x-1)^n}{\log x} x^{-s-1} dx\right)$$

$$= \zeta_{\mathrm{G}_m^n/\mathrm{F}_1}(s)$$

となる.

オイラーは積分

$$\zeta_{\mathrm{G}_m^n/\mathrm{F}_1}(s) = \exp\left(\int_1^\infty \frac{(x-1)^n}{\log x} x^{-s-1} dx\right)$$

において $x \to \dfrac{1}{x}$ と置き換えて

$$\zeta_{\mathrm{G}_m^n/\mathrm{F}_1}(s) = \exp\left(\int_0^1 \frac{(x^{-1}-1)^n}{\log \dfrac{1}{x}} x^{s-1} dx\right)$$

$$= \exp\left((-1)^{n-1}\int_0^1 \frac{(x-1)^n}{\log x} x^{s-n-1} dx\right)$$

を計算していたことになる. とくに,

$$\zeta_{\mathrm{G}_m^n/\mathrm{F}_1}(n+1) = \exp\left((-1)^{n-1}\int_0^1 \frac{(x-1)^n}{\log x} dx\right)$$

を重点的に調べている (3.2 節).

具体例としては,

$$\zeta_{\mathrm{G}_m/\mathrm{F}_1}(2) = \exp\left(\int_0^1 \frac{x-1}{\log x} dx\right) = \frac{2^1}{1^1} = 2,$$

$$\zeta_{\mathrm{G}_m^2/\mathrm{F}_1}(3) = \exp\left(-\int_0^1 \frac{(x-1)^2}{\log x} dx\right) = \frac{2^2}{3^1 1^1} = \frac{4}{3},$$

$$\zeta_{\mathrm{G}_m^3/\mathrm{F}_1}(4) = \exp\left(\int_0^1 \frac{(x-1)^3}{\log x} dx\right) = \frac{4^1 2^3}{3^3 1^1} = \frac{32}{27}$$

となる.

付録E

素朴な多重三角関数の正規化表示

　正規化された多重三角関数 $S_r(x, (\omega_1, \cdots, \omega_r))$ は 2.7 節で紹介した．また，素朴な多重三角関数は 3 重の場合の

$$\mathscr{S}_3(x) = e^{\frac{x^2}{2}} \prod_{n=1}^{\infty} \left\{ \left(1 - \frac{x^2}{n^2}\right)^{n^2} e^{x^2} \right\}$$

を 1.6 節で用いた．一般の r 重版は

$$\mathscr{S}_r(x) = \prod_{\substack{n=-\infty \\ n \neq 0}}^{\infty} P_r\left(\frac{x}{n}\right)^{n^{r-1}} \times \begin{cases} 2\pi x & \cdots \ r = 1, \\ e^{\frac{x^{r-1}}{r-1}} & \cdots \ r \geqq 2 \end{cases}$$

と定める．ここで，

$$P_r(u) = (1-u) \exp\left(u + \frac{u^2}{2} + \cdots + \frac{u^r}{r}\right)$$

である．たとえば，1 重の場合は

$$\mathscr{S}_1(x) = 2\pi x \prod_{n=1}^{\infty} \left(1 - \frac{x^2}{n^2}\right)$$

$$= 2 \sin(\pi x)$$

であり，2 重の場合は

$$\mathscr{S}_2(x) = e^x \prod_{n=1}^{\infty} \left\{ \left(\frac{1 - \dfrac{x}{n}}{1 + \dfrac{x}{n}}\right)^n e^{2x} \right\}$$

である．

　ここでは，次の結果

●定理 E1

$$\mathscr{S}_2(x) = S_2(x, (1, -1)).$$

を中心に解説する．つまり，素朴な多重三角関数と正規版との統一問題である．その核心は絶対ゼータ関数論からの視点である．

そこで，$\omega_1, \cdots, \omega_r \in \mathbb{R} - \{0\}$ を取り，2.8 節の記号を絶対保型形式

$$f(x) = f_{(\omega_1, \cdots, \omega_r)}(x) = \frac{1}{(1 - x^{-\omega_1}) \cdots (1 - x^{-\omega_r})}$$

に対して用いて

$$\Gamma_r(s, (\omega_1, \cdots, \omega_r)) = \zeta_f(s),$$
$$S_r(s, (\omega_1, \cdots, \omega_r)) = \varepsilon_f(s)$$

と定める．ここで注意すべきことは，教科書

黒川信重『現代三角関数論』岩波書店，2013 年

では，上の状況なら $\omega_1, \cdots, \omega_r > 0$ の場合のみを考えていることであり，そのときは

$$Z_f(w, s) = \frac{1}{\Gamma(w)} \int_1^\infty f(x) x^{-s-1} (\log x)^{w-1} \, dx$$

を多重フルビッツ・ゼータ関数

$$\zeta_r(w, s, (\omega_1, \cdots, \omega_r)) = \sum_{n_1, \cdots, n_r \geqq 0} (n_1 \omega_1 + \cdots + n_r \omega_r + s)^{-w}$$

と捉えていたことである．

そうすると，たとえば，

$$(\omega_1, \omega_2) = (1, -1)$$

のときには

$$\zeta_2(w, s, (1, -1)) = \sum_{n_1, n_2 \geqq 0} (n_1 - n_2 + s)^{-w}$$

を考えることになり，明らかに収束しない．ところが，絶対保型形式

$$f_{(1, -1)}(x) = \frac{1}{(1 - x^{-1})(1 - x)}$$

から出発すると

$$f_{(1, -1)}(x) = \frac{-x^{-1}}{(1 - x^{-1})^2}$$

であるから

$$\zeta_f(s) = \Gamma_2(s + 1, (1, 1))^{-1},$$

$$\varepsilon_f(s) = S_2(s+1, (1, 1))^{-1}$$

と定着できるのである．記号が気になる人は

$$\begin{cases} \Gamma_r(s, (\omega_1, \cdots, \omega_r)), \\ \mathbb{S}_r(s, (\omega_1, \cdots, \omega_r)) \end{cases}$$

などと書いても良い．この付録 E では，以上の捉え方で $S_2(x, (1, -1))$ などを考える．

● 定理 E2　$n = 1, 2, 3, \cdots$ に対して

$$S_{2n}(x, \pm) = S_{2n}(x, (\underbrace{1, \cdots, 1}_{n \text{ 個}}, \underbrace{-1, \cdots, -1}_{n \text{ 個}}))$$

とおく．このとき，次が成り立つ．

（1）　$S_{2n}(0, \pm) = 1$.

（2）　$\dfrac{S'_{2n}(x, \pm)}{S_{2n}(x, \pm)} = \dfrac{(-1)^{n-1}}{(2n-1)!} x(x^2-1^2) \cdots (x^2-(n-1)^2) \pi \cot(\pi x)$.

● 証明

（1）　絶対保型形式は

$$\frac{1}{(1-x^{-1})^n (1-x)^n} = (-1)^n \frac{x^{-n}}{(1-x^{-1})^{2n}}$$

を考えることになる．したがって

$$\Gamma_{2n}(x, \pm) = \Gamma_{2n}(x+n, (1, \cdots, 1))^{(-1)^n} = \Gamma_{2n}(x+n)^{(-1)^n},$$
$$S_{2n}(x, \pm) = S_{2n}(x+n, (1, \cdots, 1))^{(-1)^n} = S_{2n}(x+n)^{(-1)^n}$$

である．よって

$$S_{2n}(0, \pm) = S_{2n}(n)^{(-1)^n} = 1$$

である．ここで，

$$S_{2n}(n) = \frac{\Gamma_{2n}(n)}{\Gamma_{2n}(n)} = 1$$

を用いている．

（2）　対数微分を計算すると

$$\frac{S'_{2n}(x, \pm)}{S_{2n}(x, \pm)} = (-1)^n \frac{S'_{2n}(x+n)}{S_{2n}(x+n)}$$

$$= (-1)^n x (x^2 - 1^2) \cdots (x^2 - (n-1)^2) \pi \cot(\pi x)$$

となる．ただし，微分方程式

$$S_r'(x) = (-1)^{r-1} \binom{x-1}{r-1} \pi \cot(\pi x) S_r(x)$$

を使っている（『現代三角関数論』定理 5.9.1）．　　　　　　［証明終］

●定理 E1 の証明

次の（1）（2）を示せばよい：

（1）　$\mathscr{S}_2(0) = S_2(0, (1, -1)) = 1$,

（2）　$\dfrac{\mathscr{S}_2'(x)}{\mathscr{S}_2(x)} = \dfrac{S_2'(x, (1, -1))}{S_2(x, (1, -1))} = x\pi \cot(\pi x)$.

ここで，

$$\begin{cases} \mathscr{S}_2(0) = 1, \\[2mm] \dfrac{\mathscr{S}_2'(x)}{\mathscr{S}_2(x)} = x\pi \cot(\pi x) \end{cases}$$

は『現代三角関数論』定理 5.1.1 に入っていて，

$$\begin{cases} S_2(0, (1, -1)) = 1, \\[2mm] \dfrac{S_2'(x, (1, -1))}{S_2(x, (1, -1))} = x\pi \cot(\pi x) \end{cases}$$

は定理 E2 に入っている．　　　　　　　　　　　　　　　　　　［証明終］

この証明と全く同様にして，

$$\mathscr{S}_2(x) = S_2(x, \pm),$$
$$\mathscr{S}_4(x)\mathscr{S}_2(x)^{-1} = S_4(x, \pm)^{-3!},$$
$$\mathscr{S}_6(x)\mathscr{S}_4(x)^{-5}\mathscr{S}_2(x)^{4} = S_6(x, \pm)^{5!},$$
$$\mathscr{S}_8(x)\mathscr{S}_6(x)^{-14}\mathscr{S}_4(x)^{49}\mathscr{S}_2(x)^{-26} = S_8(x, \pm)^{-7!}$$

などを得る．とくに，

$$\mathscr{S}_4(x) = S_4(x, \pm)^{-6} S_2(x, \pm),$$
$$\mathscr{S}_6(x) = S_6(x, \pm)^{120} S_4(x, \pm)^{-30} S_2(x, \pm)$$
$$\mathscr{S}_8(x) = S_8(x, \pm)^{-5040} S_6(x, \pm)^{1680} S_4(x, \pm)^{-126} S_2(x, \pm)$$

となる．

このように，素朴な多重三角関数の正規化表示は，絶対保型形式から出発する絶対ゼータ関数論から統一的に得ることができるのである．それは，フルビッツゼータ関数へのディリクレ級数展開を用いるのではなく，オイラーがちょうど250年前の1768年に発見したゼータ関数の積分表示から出発するという道である．絶対ゼータ関数論の核心というべきものである．したがって，これも，オイラーのおかげである．

おわりに

　読者は，本書によって，オイラーとリーマンが切り拓いたゼータの風景を楽しまれたことであろう．予想外の景色にも出会って驚いたことであろう．21 世紀なのである．

　オイラーとリーマンに共通した「ゼータ速度」は見るものにとってもすがすがしいものであり，快適に風景が移って行く．

　オイラーとリーマンを読んでいると邪念を感じることが無い．彼らの論文を写していると写経と同じように心が澄んでくる．オイラーとリーマンは，これからも未知のゼータ世界を指し示してくれることであろう．

　読者は，本書に続いて本シリーズ《ゼータの現在》の探検を楽しまれたい．

2018 年 2 月 4 日　黒川信重

索引

数字・アルファベット

1 元体	39
2 次形式のゼータ関数	106
L 関数	9
p 進ゼータ関数	106
p 類似	129
r 次オイラー定数	122, 123

あ

アインゼンシュタイン級数	93
アフィン空間	48
井草ゼータ関数	106
一意分解整域	3
一般線形群	49
イデアル論	7
ウィッテン・ゼータ関数	106
ヴェイユ・ゼータ関数	106
円分絶対ゼータ関数	69
オイラー	15
オイラー・アーカイブ	15
オイラー積	21
オイラー全集	15
オイラー定数	15
オイラー定数の高次版	121
オイラー定数の新表示	68
オイラー定数の表示	67
オイラーの逆襲	76
オイラーのゼータ関数論	15
オイラーの積分表示	124

オイラーの絶対ゼータ関数論	57
オイラーの定積分	29
オイラー標数	40
オレーム	9

か

概均質ベクトル空間のゼータ関数	106
解析接続	28, 106
解析的予言	73
ガロア表現	21
ガロア表現のゼータ関数	105
関数等式	24, 52, 106
環のゼータ関数	105
完備ゼータ関数	79
ガンマ因子	56
ガンマ関数	40
基本定理	59
逆正接関数	9
強素数	4
極限公式	17, 48, 53
極大イデアル	7
虚部	87
虚零点	27
グラスマン空間	49
グラフのゼータ関数	105
グロタンディークの行列式表示	39
クロトーネ	1
クロトン	1
群のゼータ関数	105
圏のゼータ関数	106

原論	1
高次形式のゼータ関数	106
合同ゼータ関数	39
コンパクトリーマン面	107

さ

最小反例	7
佐藤–テイト予想	106
作用素のゼータ関数	106
三角関数	18
三重三角関数	30
ジーゲル	85
実部	87
実零点	27
射影空間	48
ジャクソン積分	132
シンプレクティック群	50
スキーム	39
スターリング数	117
スターリングの公式	89
整域	7
正規化されたオイラー定数	45
正規化した密度関数	90
ゼータ関数	8
ゼータ関数の統一	106
ゼータ正規化積	87
積分表示	28, 77
絶対イプシロン関数	55
絶対数学	37
絶対数学原論	37
絶対ゼータ関数	38, 106
絶対フルビッツゼータ関数	38
絶対保型形式	38
絶対保型性	80
セルバーグ・ゼータ関数	56
素イデアル	7
素因数分解の一意性	3

素数	1
素数公式	81
素数定理	23
素数の密度関数	23
素数分布	34
素数密度	89
素な共役類	107
素朴な多重三角関数の正規化表示	138

た

体	7
代数体のゼータ関数	105
代数多様体・スキームのゼータ関数	105
代数的集合	38
代数的トーラス	41
多重ガンマ関数	49, 53
多重三角関数	53
多重ゼータ関数	106
多重フルビッツ・ゼータ関数	54
置換のゼータ関数	106
調和数	51
ツェルメロ	7
テータ関数	79, 92
適切な解析接続法	81
等比級数の和	27
特殊線形群	50
特殊値表示	53, 78, 106

は

バーゼル問題	18
発散級数の和	26
ハッセ・ゼータ関数	56, 106
ピタゴラス	1
ピタゴラス学派	1
ピタゴラス素数列	2
微分の等式	109

表現論	35		や	
ビルディングのゼータ関数	105			
フーリエ展開	91		ユークリッド	1
フェルマー予想	106		ユークリッド素数列	2
部分分数展開	110		有理型関数	55
ベルヌイ一族	18			
ベルヌイ数	78		ら・わ	
保型形式	79			
保型形式のゼータ関数	105		ラマヌジャンが好んだ等式	104
保型性	80, 90		ラマヌジャン予想	94
保型性の変換	90		ラングランズ予想	102, 106
保型表現	21		リーマン	77
保型表現のゼータ関数	105		リーマン多様体のゼータ関数	105
			リーマンのゼータ関数論	77
ま			リーマンの素数公式	84
			リーマン面のゼータ関数	105
無限積分解	18		リーマン予想	28
明示公式	84		リーマン予想類似	106
メビウス関数	82		力学系のゼータ関数	106
メビウス逆変換	84		離散多様体のゼータ関数	105
モジュラー群	90		零点	18
			わかりやすい零点	53

黒川信重（くろかわ・のぶしげ）

1952年栃木県生まれ．1975年東京工業大学理学部数学科卒業．1977年同大学大学院理工学研究科数学専攻修士課程修了．東京大学助教授などを経て，現在，東京工業大学名誉教授．理学博士．専門は数論，ゼータ関数論，絶対数学．

おもな著書に，『リーマン予想の150年』『現代三角関数論』『絶対ゼータ関数論』（以上，岩波書店），『オイラー探検』（丸善出版），『リーマンと数論』（共立出版），『ゼータの冒険と進化』『ラマヌジャンζの衝撃』『リーマンの夢』（以上，現代数学社），『リーマン予想の探求』『リーマン予想を解こう』（以上，技術評論社），『リーマン予想の先へ』（東京図書），『絶対数学の世界』（青土社），『ガロア理論と表現論』『ゼータへの招待(シリーズ ゼータの現在)』（共著）『ラマヌジャン《ゼータ関数論文集》』（共著）『絶対数学』（共著）（以上，日本評論社）ほか多数．

日本評論社創業100年記念出版

オイラーとリーマンのゼータ関数
かんすう

シリーズ ゼータの現在
げんざい

発行日	2018年5月25日　第1版第1刷発行
著　者	黒川信重
発行者	串崎 浩
発行所	株式会社 日本評論社 170-8474 東京都豊島区南大塚 3-12-4 電話　03-3987-8621[販売]　03-3987-8599[編集]
印　刷	精文堂印刷株式会社
製　本	株式会社難波製本
装　幀	妹尾浩也

JCOPY 〈(社)出版者著作権管理機構委託出版物〉
本書の無断複写は著作権法上での例外を除き禁じられています．複写される場合は，そのつど事前に，(社)出版者著作権管理機構(電話03-3513-6969，FAX03-3513-6979, e-mail: info@jcopy.or.jp)の許諾を得てください．また，本書を代行業者等の第三者に依頼してスキャニング等の行為によりデジタル化することは，個人の家庭内の利用であっても，一切認められておりません．

© Nobushige Kurokawa 2018 Printed in Japan
ISBN978-4-535-60352-3